Elham Ezzatzadeh
Seyed Mohammad Faghih
Ehsan Kianfar

# Nanocompósitos à base de quitosano e grafeno utilizados na absorção

Elham Ezzatzadeh
Seyed Mohammad Faghih
Ehsan Kianfar

# Nanocompósitos à base de quitosano e grafeno utilizados na absorção

de iões de metais pesados

ScienciaScripts

**Imprint**
Any brand names and product names mentioned in this book are subject to trademark, brand or patent protection and are trademarks or registered trademarks of their respective holders. The use of brand names, product names, common names, trade names, product descriptions etc. even without a particular marking in this work is in no way to be construed to mean that such names may be regarded as unrestricted in respect of trademark and brand protection legislation and could thus be used by anyone.

Cover image: www.ingimage.com

This book is a translation from the original published under ISBN 978-3-659-97584-4.

Publisher:
Sciencia Scripts
is a trademark of
Dodo Books Indian Ocean Ltd. and OmniScriptum S.R.L publishing group

120 High Road, East Finchley, London, N2 9ED, United Kingdom
Str. Armeneasca 28/1, office 1, Chisinau MD-2012, Republic of Moldova, Europe
Managing Directors: Ieva Konstantinova, Victoria Ursu
info@omniscriptum.com

Printed at: see last page
**ISBN: 978-620-8-55297-8**

# Absorção de iões de metais pesados utilizando nanocompósitos à base de quitosano/grafeno

Elham Ezzatzadeh[1], Seyed Mohammad Faghih[2], Ehsan Kianfar[3]

[1]Departamento de Química, secção de Ardabil, Universidade Islâmica Azad, Ardabil, Irão.

[2]Department of Chemical Engineering, Islamic Azad University, Susangerd Branch Susangerd, Irão.

[3]Young Researchers and Elite Club, Islamic Azad University, Gachsaran Branch, Gachsaran, Irão.

## Resumo

Com o desenvolvimento da civilização humana, o desenvolvimento da tecnologia e o aumento da população, o mundo enfrenta atualmente um problema chamado poluição que ameaça a vida dos habitantes do planeta. A poluição causada pela acumulação no solo e na água de compostos tóxicos estáveis, tais como produtos químicos, sais, metais pesados e materiais radioactivos, está entre as causas de muitas doenças que têm um efeito profundo na saúde dos seres humanos, dos animais e até das plantas. A emissão de metais pesados no meio ambiente tem causado muitos problemas no mundo devido à industrialização da sociedade e à expansão da urbanização .Neste estudo, utilizando materiais poliméricos biocompatíveis e biodegradáveis, como esferas de quitosana e grafeno funcionalizado com grupos funcionais amina como uma das nanopartículas mais utilizadas em esferas de quitosana adsorção de iões metálicos de cádmio a partir de soluções aquosas. Revisão. Para este efeito, foram preparados grânulos de nanocompósitos de quitosano/grafeno com percentagens ponderais de 0,5%, 1%, 2% e 5%, utilizando um método de solução. As nanopartículas de grafeno foram primeiro oxidadas com uma mistura de ácido sulfúrico e ácido nítrico e, em seguida, grupos funcionais de trietilenotetramina foram ligados a elas. Os grafenos modificados foram detectados utilizando análise de infravermelhos com transformada de Fourier, termometria e análise EDX de microscopia eletrónica de varrimento e os resultados mostraram que a reação de correção foi bem sucedida. A este respeito, as curvas calorimétricas mostraram que a operação de oxidação e funcionalização do grafeno foi feita corretamente. Além disso, a morfologia das nanopartículas oxidadas e funcionalizadas foi realizada por microscopia eletrónica de varrimento e os diagramas e imagens EDX mostraram a distribuição óptima dos grupos funcionais oxigenados e azotados ligados à superfície do grafeno. Em seguida, a adsorção de iões metálicos de cádmio foi feita por dispositivo de adsorção atómica e os resultados mostraram um aumento de 20% na adsorção de iões de cádmio por nanocompósitos de quitosano / grafeno em comparação com grãos de quitosano. A espetrometria de absorção atómica mostrou que a taxa de adsorção óptima do ião cádmio ocorre numa solução de 50 ppm com um pH de 7 e um tempo de contacto de 2 horas e um adsorvente de 25 mg.

**Palavra-chave:** Absorção, iões de metais pesados, quitosano, grafeno, nanocompósitos.

# 1.Introdução

A poluição ambiental, incluindo os gases com efeito de estufa e os poluentes tóxicos solúveis na água, é uma grande preocupação em todo o mundo. Estas questões foram objeto de grande atenção na recente Cimeira Mundial das Nações Unidas sobre o Desenvolvimento Sustentável Rio + 20. Na Cimeira Rio + 20, os líderes mundiais, juntamente com milhares de participantes de governos, do sector privado, de ONG e de outros grupos, estão a trabalhar para encontrar soluções para reduzir a pobreza, promover a justiça social e assegurar a proteção do ambiente. Reuniram-se num planeta que está mais ocupado do que nunca [1] .Uma das questões mais importantes para a proteção do ambiente e da saúde dos seres humanos, dos animais e das plantas é a saúde e a limpeza da água. A água é o elemento vital mais importante para todos os seres vivos do planeta. A água pode ser tratada de várias formas, como a dessalinização, a purificação, a osmose, a desinfeção e a deposição de contaminantes. Entre estes métodos, o método de adsorção tem muitas vantagens em relação a outros métodos. O método de adsorção é um fenómeno de superfície durante o qual os contaminantes são adsorvidos à superfície do adsorvente por forças físicas. A adsorção depende de muitos factores, como a temperatura, o pH, a concentração de contaminantes, o tempo de contacto da fase de adsorção com os contaminantes, a dimensão das partículas da fase adsorvente e dos contaminantes. Temperatura e natureza dos poluentes e dos adsorventes. Os principais poluentes da água dividem-se em duas categorias: os poluentes orgânicos e os poluentes iónicos [2] .Os poluentes iónicos na água dividem-se em duas categorias:

A. Iões de metais pesados como o arsénio, mercúrio, cádmio, crómio, cobalto, cobre, selénio e chumbo.

B. Iões não metálicos como o fluoreto, o fosfato, o nitrato e o sulfureto.

Um dos principais problemas dos iões de metais pesados é o facto de não se decomporem nos organismos vivos. Isto significa que estes iões não são biodegradáveis e tendem a acumular-se nos tecidos dos organismos vivos. De facto, os metais pesados não são excretados depois de entrarem no corpo, mas são depositados e acumulados em tecidos como a gordura, os músculos, os ossos e as articulações, o que causa muitas doenças e complicações no corpo. Na última década, a entrada de poluentes de origem humana, como os metais pesados, em ambientes marinhos aumentou significativamente, constituindo uma séria ameaça para a vida dos ambientes aquáticos. A acumulação de metais pesados na água, no ar e no solo é um problema ambiental muito importante. Na tabela periódica, o número de elementos com um peso atómico elevado e com propriedades metálicas à temperatura ambiente é designado por metal pesado. Uma vez que existem diferentes definições para estes elementos e que diferentes elementos são colocados nesta categoria, apenas o termo metais ou quase-metais deve ser utilizado. De acordo com estas definições, os metais do cobre ao bismuto são definidos como metais pesados na tabela periódica com uma densidade superior a 4. Na tabela periódica, os metais dos grupos 3 a 16 são designados metais pesados na periodicidade de 4 e 4 em diante. Muitos destes elementos não só são essenciais para a vida, como também têm propriedades muito tóxicas. Os organismos vivos necessitam de quantidades muito pequenas de metais pesados para crescer e sobreviver, os chamados oligoelementos, como o ferro, o cobalto, o cobre, o magnésio, o molibdénio, o vanádio, o esténio e o zinco. A quantidade destes iões no organismo, se aumentar em relação ao mínimo necessário e essencial, provocará um atraso no crescimento. Outros metais pesados, como o mercúrio, o chumbo e o cádmio, não são elementos vitais e não têm efeitos benéficos para a vida dos órgãos vivos; pelo que a sua acumulação no corpo dos organismos vivos, especialmente nos mamíferos, provoca doenças perigosas. As vias de entrada destes iões nos corpos dos mamíferos estão geralmente contaminadas com água e alimentos [2] .A quitina e o quitosano e os seus derivados, devido ao seu baixo custo e à sua biodegradabilidade, bem como ao facto de possuírem uma elevada quantidade de grupos funcionais azotados e carboxílicos, têm atraído grande atenção como adsorventes eficazes para remover vários poluentes da água. Estes poluentes incluem catiões e aniões metálicos, materiais radioactivos, vários pigmentos, fenóis, bem como vários aniões e outros poluentes. A quitina e o quitosano têm um potencial muito elevado para remover esses contaminantes da água. No entanto, continua a ser necessário encontrar ferramentas práticas, tais como adsorventes de superfície desenvolvidos comercialmente [2] .Para cada processo de adsorção, uma grande área de secção transversal, um elevado volume de poros e também grupos funcionais adequados são algumas das necessidades fundamentais e básicas. Para aumentar a taxa de adsorção de polímeros, são utilizadas nanopartículas, uma vez que possuem as propriedades mencionadas. Muitas nanopartículas, incluindo nanoargilas e nanotubos de carbono, estão atualmente a ser desenvolvidas para remover contaminantes da água. A nanopartícula que recentemente atraiu a atenção de muitos cientistas chama-se grafeno. O grafeno é uma folha plana com uma espessura de 1 (um átomo) composta por átomos de carbono que se encontram numa estrutura cristalina de favos de mel. O grafeno é o elemento-mãe de outros alótropos de carbono, incluindo a grafite, os nanotubos de carbono e o fulereno. Entre as propriedades únicas do grafeno, podemos mencionar a sua elevada flexibilidade mecânica, térmica e química. O grafeno tem também uma secção transversal específica muito elevada, o que o torna um candidato potencial como adsorvente de alto desempenho. No entanto, o grafeno na sua forma original não tem muita capacidade de absorção devido à falta de grupos funcionais adequados. Como tem átomos de 2Sp, só pode absorver poluentes com forças de van der Waals. Por isso, neste projeto, primeiro o grafeno é modificado e são-lhe colocados grupos óxidos, e depois os grupos amino são reagidos com a superfície deste material. Finalmente, esta nanopartícula é utilizada no hidrogel de quitosano e a taxa de adsorção de iões de metais pesados é comparada com este nanocompósito de hidrogel e com o hidrogel de quitosano puro

-

## 2. Discussões teóricas e revisão dos trabalhos efectuados

Nesta secção, será apresentada a estrutura da quitina e do quitosano como matriz adsorvente e também do grafeno como nanopartícula adsorvente para a adsorção de iões de metais pesados e serão realizadas experiências com estes materiais.

### 2.1. Quitina e quitosano

A quitina é um dos biopolímeros mais abundantes depois da celulose. A quitina é um polissacárido natural que se destaca em crustáceos, como caranguejos e camarões, cutículas de insectos e paredes celulares de fungos. A história da quitina e do quitosano remonta ao século XIX. Pela primeira vez, um cientista francês chamado Braconot extraiu quitina de um fungo. Em 1859, Roget obteve o quitosano a partir do processo de decilação do jogo de quitina na presença de hidróxido de potássio e, finalmente, em 1950, a sua estrutura foi completamente descoberta. A quitina e o quitosano são amplamente utilizados na medicina e na indústria como um amino polissacárido natural que possui uma estrutura única e propriedades versáteis. As suas principais caraterísticas incluem uma elevada biocompatibilidade, biodegradabilidade e propriedades antibacterianas e antialérgicas, bem como uma baixa toxicidade.

#### 2.1.1. Estrutura da quitina e do quitosano

A celulose e a quitina são ambos polissacáridos que desempenham um papel protetor para as plantas e os animais, respetivamente, uma vez que as plantas produzem celulose na parede celular e os insectos e crustáceos produzem quitina nas suas carapaças. As estruturas da celulose e da quitina são muito semelhantes entre si. Na celulose, os grupos hidroxilo foram substituídos por grupos acetamida na posição 2 do carbono e, no caso do quitosano, os grupos amina foram substituídos por grupos hidroxilo na celulose. A figura 1 mostra um diagrama da fórmula estrutural das unidades monoméricas de celulose, quitina e quitosano.

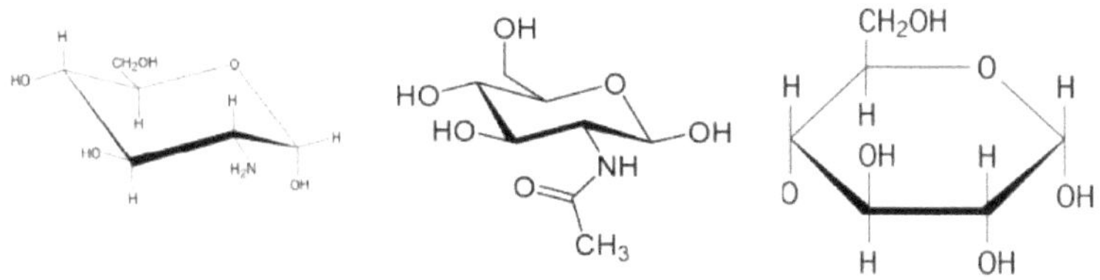


Figura 1. Estrutura das unidades monoméricas de celulose, quitina e quitosano [2] .

A quitina tem a fórmula química $(C_8H_{13}O_5N)$ n e o quitosano tem a fórmula química $(C_6H_{11}O_4N)$ n. A figura 2 mostra a estrutura química da quitina e do quitosano.

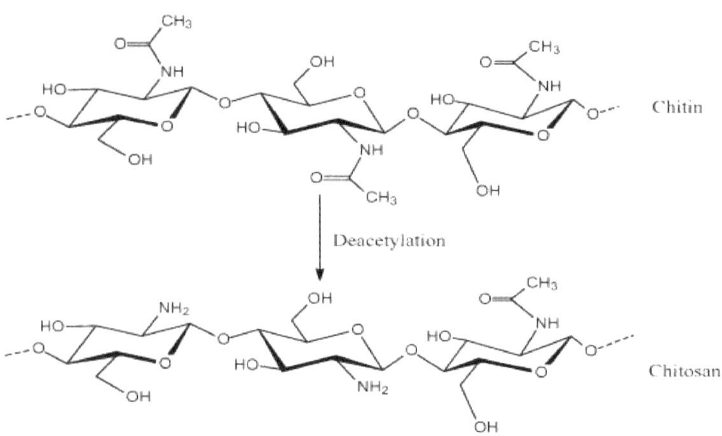


Figura 2. Estrutura química dos polímeros de quitina e quitosano [2 ].

O quitosano é um derivado da quitina. O número de grupos amina na cadeia polimérica determina a diferença entre os dois polímeros. Um polímero em que 100% dos grupos amina são acetilados é designado por quitina, e um polímero sem um grupo amida (100% do grupo amina) é designado por quitosano. Convencionalmente, a presença de 50% de grupos amida é considerada como a fronteira entre a quitina e o quitosano. Ou seja, um polímero com um grau de desacetilação inferior a 50% é designado por quitina, e um polímero com uma desacetilação in situ superior a 50% é designado por quitosano.

A quitina sólida tem três formas diferentes conhecidas como alfa (α), beta (β) e gama (y). A abundância de quitina alfa na natureza é superior à de beta e gama. A quitina alfa encontra-se na parede celular de fungos e crustáceos como o camarão e o caranguejo, a quitina beta nas diatomáceas e nos braços das lulas, e a quitina gama (que se encontra na natureza em pequenas quantidades) como uma combinação de quitina alfa e quitina beta. Assim, os grupos de aço desempenham um papel importante nesta formação, criando ligações de hidrogénio intra-cadeia e extra-cadeia entre os grupos de aço de carbono 2 e o hidroxilo no polímero. Se a orientação de todas as cadeias de polímeros estiver na mesma direção, designa-se por quitina alfa. Neste caso, as cadeias podem ter ligações de hidrogénio extra-cadeia para além das ligações de hidrogénio intra-cadeia e aumentar a resistência da estrutura; mas no caso da beta-quitina, a orientação das cadeias só permite a formação de ligações inter-cadeia. Além disso, no caso da gama quitina, a orientação das cadeias é aleatória. A Figura 3 mostra um esquema da orientação das cadeias em diferentes tipos de quitinas.

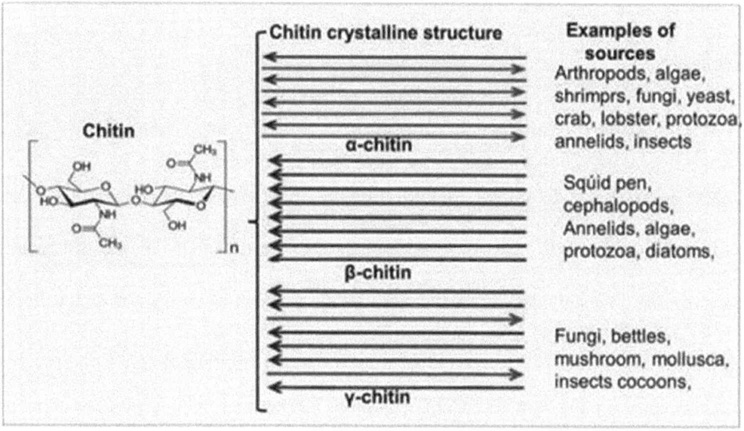


Figura 3. Orientação das cadeias de quitina gama, beta e alfa [2] .

### 2.1.2. Propriedades da quitina e do quitosano

A maioria dos polissacáridos encontrados na natureza, incluindo a celulose, a dextrina, a pectina, o ácido algínico, etc., são neutros e ácidos, enquanto a quitina e o quitosano são encontrados na natureza sob a forma de álcalis. Esta propriedade única permite-lhes ligar-se quimicamente a gorduras, proteínas, ADN, ARN e iões de metais pesados. A quitina é insolúvel em água e em muitos solventes orgânicos devido à sua lipofilicidade, mas o quitosano é solúvel em soluções ácidas diluídas com pH inferior a 6.

### 2.1.3. Propriedades físicas e químicas da quitina e do quitosano

Entre os principais parâmetros que afectam diretamente as propriedades da quitina e do quitosano contam-se o peso molecular, o grau de desacetilação e a sua cristalinidade. É de salientar que, na discussão dos sistemas de administração de medicamentos e das aplicações humanas, para além dos parâmetros acima referidos, também se deve considerar a percentagem de pureza, o teor de humidade e o teor de proteínas.

### 2.1.4. Aplicações da quitina e do quitosano

A baixa solubilidade da quitina é o fator limitante mais importante no consumo deste polímero biocompatível. Apesar desta limitação, foram registadas muitas utilizações para a quitina e os seus derivados. Assim, devido à presença de grupos amino livres ao longo da cadeia polimérica e à capacidade de formar quelantes e à boa solubilidade em ácidos fracos como o ácido acético, o quitosano ocupa uma boa posição entre os polissacáridos. As fibras feitas de quitina e quitosano são muito eficazes na preparação de suturas absorvíveis, bem como na preparação de tecidos para a cicatrização de feridas. Ao longo dos anos, os investigadores têm também conseguido utilizar estas fibras para absorver iões de metais pesados da água e das águas residuais [3].

## 2.2. Grafeno

O grafeno é uma folha plana com uma espessura de 1 (um átomo) composta por átomos de carbono que se encontram numa estrutura cristalina de favos de mel. O grafeno é o elemento-mãe de outros alótropos de carbono, incluindo a grafite, os nanotubos de carbono e o fulereno [4], [5]. A natureza da grafite é conhecida como um mineral há cerca de 500 anos. No entanto, a grafite tem uma estrutura instável devido à presença de camadas de carbono umas sobre as outras, porque estas camadas estão ligadas entre si apenas por ligações de van der Waals. Em 2004, Jim e os seus colegas da Universidade de Manchester conseguiram obter camadas únicas de carbono. Esta descoberta revolucionária acrescentou uma nova dimensão científica à investigação em física, química, biotecnologia e materiais. O grafeno é o material mais fino alguma vez conhecido, com excelente condutividade eléctrica, condutividade térmica, clareza ótica e baixo coeficiente de expansão térmica. As propriedades únicas do grafeno têm atraído muito interesse entre os cientistas de todo o mundo, bem como entre a indústria e a tecnologia. Recentemente, o grafeno tem sido utilizado como alternativa aos nanopreenchimentos à base de carbono na preparação de nanocompósitos poliméricos. Com efeito, a utilização destas nanopartículas melhora consideravelmente as propriedades mecânicas, eléctricas e térmicas dos polímeros. Espera-se que, num futuro próximo, a utilização destas nanopartículas na construção de dispositivos biológicos electrónicos aumente em grande medida. O grafeno também pode substituir os condutores metálicos nos dispositivos electrónicos devido à sua excelente condutividade eléctrica e elevada flexibilidade mecânica. Nos últimos anos, o grafeno também tem sido considerado por muitos cientistas de todo o mundo pela sua capacidade de absorver iões de metais pesados da água, devido à sua elevada secção transversal e à sua capacidade de ser funcionalizado com grupos funcionais adequados. A Figura 4 mostra a monocamada de grafeno e a sua estrutura em favo de mel, que é o elemento-mãe e constituinte de outros materiais, como a grafite, o carbono, o fulereno e os nanotubos de carbono.

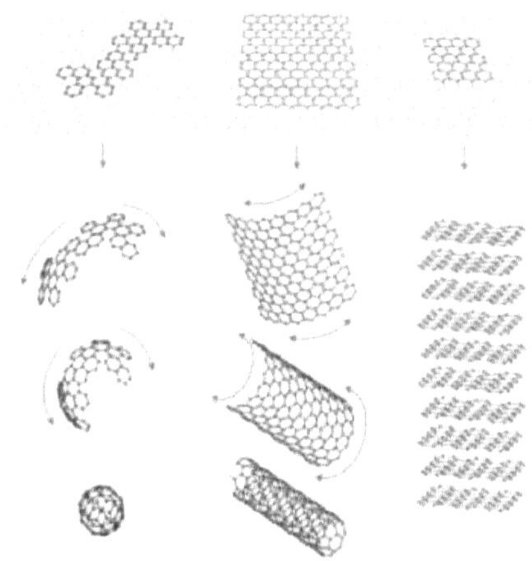

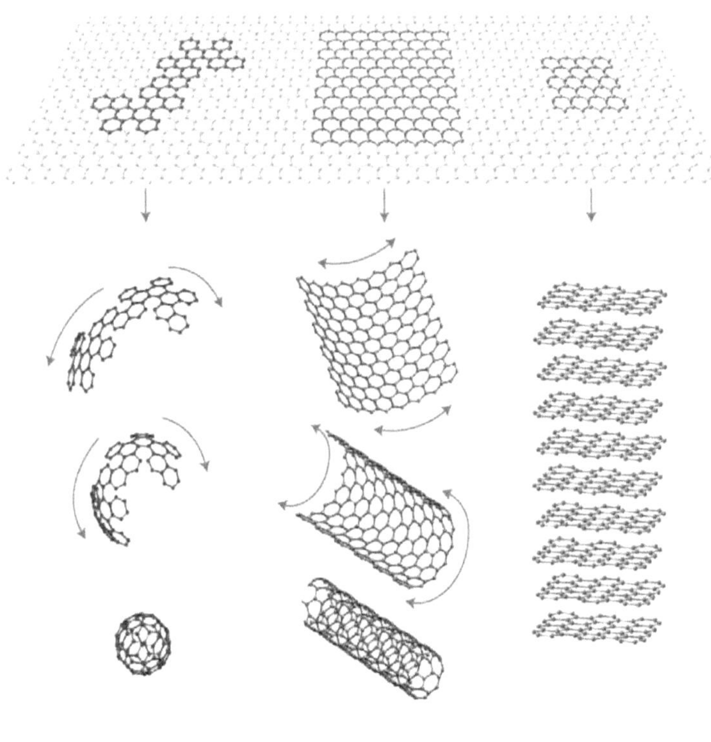

Figura 4. Estrutura do ninho de grafeno, que é o elemento-mãe e constituinte de outros materiais como a grafite, o carbono, o fulereno e os nanotubos de carbono [4]

**2.3. Utilização de quitina e quitosano na remoção de iões de metais pesados**

Os iões de metais pesados são uma das categorias mais importantes de poluentes da água que entram no corpo humano através da pirâmide alimentar e lhes causam muitos problemas. Os iões de metais pesados entram no ambiente através de várias actividades industriais e porque são infectados. A quitina e o quitosano e os seus derivados são amplamente utilizados como adsorventes na remoção de iões de metais pesados da água e das águas residuais. O elevado potencial de adsorção do quitosano pode ser atribuído a três razões:

A. Elevada hidrofilicidade do quitosano devido ao facto de ter um grande número de grupos hidroxilo nas unidades de glucose

B- A presença de um grande número de grupos funcionais na estrutura (como os grupos amina)

C. Elevada reatividade química destes grupos funcionais

D - Estrutura flexível das cadeias poliméricas deste material [6].

O cádmio e os seus compostos são altamente tóxicos para os organismos vivos e os ecossistemas naturais, mesmo em concentrações muito baixas. A quitina tem sido utilizada pelos investigadores como adsorvente para remover iões de cádmio de uma solução aquosa [7]. [7] Neste estudo, foi observada a capacidade de adsorção da quitina de iões de cádmio por quitina. Noutro estudo, foi utilizada a microscopia eletrónica de transmissão (TEM) em conjunto com a difração de raios X para examinar e observar os nódulos que contêm cádmio na superfície da quitina e o equilíbrio entre o cádmio e a quitina. Os investigadores investigaram o efeito de iões metálicos divalentes de cobre e zinco na absorção de cádmio a 25 e em condições constantes [8]. A taxa de adsorção de iões de metais pesados foi registada da seguinte forma:

Cobre> Cádmio> Zinco

Os iões de zinco bivalentes tiveram um efeito no aumento da absorção de iões de cádmio pelo zinco nas condições experimentais; a presença de iões de cobre bidireccionais, por outro lado, reduziu a afinidade para a absorção de cádmio pela quitina .A eficiência da remoção de iões de cádmio pelo quitosano também foi investigada [9]. A capacidade de adsorção do ião cádmio neste estudo foi de 5,93 mg por g de quitosano na gama de pH entre 4 e 8,3. Esta quantidade de absorção foi significativamente reduzida na presença de ácido etileno diamina tetra-acético. Isto deve-se ao facto de o ácido etilenodiamino tetraacético e outros ácidos amino policarboxílicos conhecidos formarem complexos muito estáveis com iões de metais pesados [10] .O mercúrio, o cobre, o níquel, o zinco, o chumbo e o manganês são alguns dos outros iões de metais pesados que estão atualmente presentes em concentrações acima do nível admissível no ambiente. A remoção destes iões de metais pesados da água foi estudada por muitos investigadores com quitina e quitosano e seus derivados. McKee et al. investigaram a absorção de alguns iões de metais pesados pelo quitosano [11]. As experiências mostraram que a capacidade de adsorção do quitosano para mercúrio, cobre, níquel e zinco divalente era igual a 815, 222, 164 e 75 g de quitosano, respetivamente .A utilização de fragmentos de quitosano na remoção de iões de cobre divalente da água foi testada e relatada [12]. O quitosano mostrou uma excelente capacidade de adsorção de iões de cobre de cerca de 1,8 a 2,2 por 1 g de pó seco. Além disso, a capacidade de adsorção na presença de uma grande concentração de iões cloreto em solução aumenta acentuadamente e com um declive muito acentuado. As alterações do pH da solução levam a uma competição pela absorção de iões de cobre pelo quitosano. A absorção óptima de cobre em manchas de quitosano é relatada como sendo de cerca de 6,0-5,4 .O desempenho de fontes comercialmente disponíveis de quitina, quitosano e quitosano reticulado com benzoquinona para vários iões de metais pesados foi investigado [13]. O pH inicial da solução de metal é significativamente afetado pela capacidade de adsorção do metal. As quantidades mais elevadas de adsorção de metais com quitosano dissolvido à concentração 1 e a pH 4 e com concentração inicial de metais igual a 400 foram 137, 124, 108 e 58 por 1 quitosano para cobre, crómio, zinco e arsénio, respetivamente .Foi relatada a remoção simultânea de iões de diferentes metais (zinco, cobre, cádmio e chumbo) utilizando fragmentos de quitosano disponíveis comercialmente a partir de soluções aquosas e em condições físicas e químicas variáveis [14]. Os resultados mostraram que uma quantidade significativa destes iões metálicos é absorvida pelo quitosano. Os fragmentos de quitosano apresentaram a capacidade máxima de adsorção de iões de cobre. A taxa de adsorção de iões de metais pesados com quitosano é reduzida da seguinte forma:

Cobre> Chumbo> Cádmio> Zinco

A absorção destes metais pelo quitosano depende fortemente do pH. A absorção destes iões pelo quitosano aumentou com o aumento do pH de 4 para 7. Este facto foi atribuído à disponibilidade de mais grupos amino a pHs mais elevados. Por outro lado, a diminuição da taxa de adsorção de iões de metais pesados a um pH ácido pode ser atribuída ao facto de, à medida que o pH diminui, os iões de metais pesados com carga positiva terem de competir com o $H_3O^+$ pela adsorção nos grupos azotados ou no sítio ativo. Os investigadores efectuaram várias modificações químicas para aumentar a absorção dos grãos de quitosano através de ligações cruzadas [15]. Entre estas experiências, a acidificação amino dos grânulos de quitosano por reação química com etileno diamina e carbodiamina aumentou significativamente a absorção de iões de mercúrio por estes grânulos. A capacidade de adsorção dos grãos amino de quitosano foi estimada em cerca de 2,26 mercúrio por 1 de quitosano seco a pH 7. A Figura 5 mostra um esquema da reação química do quitosano com etilenodiamina e carbodiamina. Esta quantidade é uma das capacidades de adsorção mais elevadas entre os biossorventes de . Os grãos de quitosano também têm uma propriedade competitiva entre a adsorção de iões de mercúrio e de hidrogénio, que foi simulada com sucesso utilizando o modelo de equilíbrio isotérmico

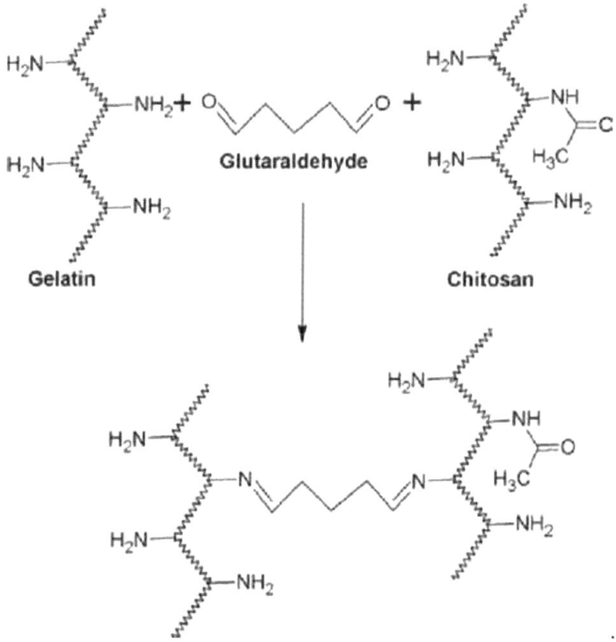


(A)

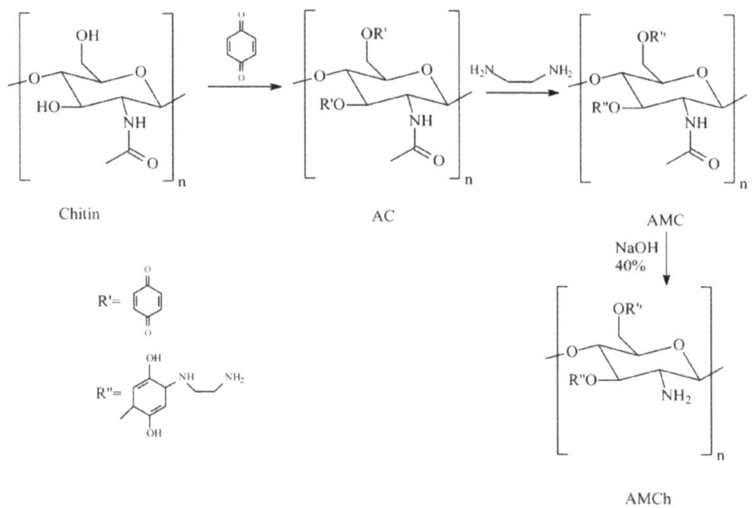

Figura 5. Criação de ligações cruzadas e exame do mecanismo da estrutura após várias modificações : (A) Mecanismo de ligação cruzada do quitosano utilizando glutaraldeído (B) Mecanismo de carboxilação e aminoização das sementes de quitosano [15].

A fim de aumentar a absorção do ião cádmio pelo quitosano, Rohrer et al. realizaram experiências para aumentar a porosidade dos grânulos de quitosano adicionando uma solução ácida de quitosano a uma solução de hidróxido de sódio [16]. As sementes de quitosano foram reticuladas com aldeído glutar e depois secas por arrefecimento. Os diâmetros das partículas obtidas foram estimados entre 1 mm e 3 mm. As partículas com um diâmetro de 1 mm tinham uma secção transversal de mais de 150 e o seu tamanho médio de poro era de cerca de 560 e eram insolúveis em soluções ácidas com um pH de 2. A adsorção simultânea foi realizada a 25 e pH de cerca de 6,5 e o limite de concentração de cádmio foi de 16-1690, tendo sido obtida a adsorção máxima para partículas com diâmetros de 3 mm e 1 mm, cerca de 518 mg e 188 mg de cádmio por grama de sementes de quitosano. Esta quantidade de adsorção foi explicada por um mecanismo de oclusão dos poros. O quitosano poroso apresentou muito mais vantagens do que o quitosano em pó ou em pó. Por exemplo, este tipo de quitosano tinha uma secção transversal interna mais elevada e a ligação cruzada dos grãos tornava-os insolúveis em soluções de pH baixo, mostrando assim a sua utilidade numa gama mais ampla de pH. A Figura 6 mostra um esquema de como obter grãos de quitosano porosos.

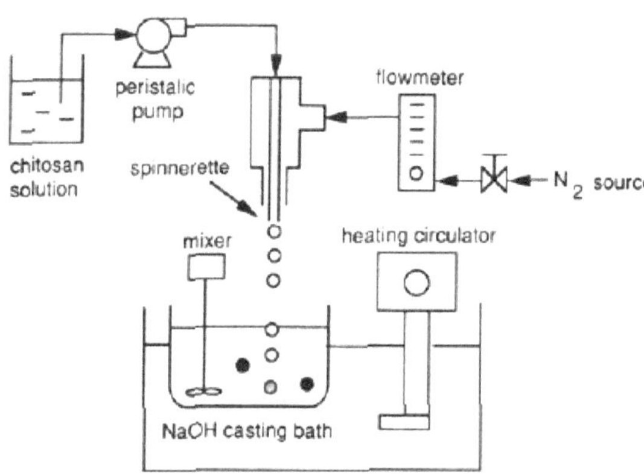


Figura 6. Obtenção de pérolas de quitosano num banho de hidróxido de sódio [16] .

A microscopia eletrónica de varrimento da Figura 7, com ampliações de 30 e 500x, permite também observar a porosidade da superfície dos grãos de quitosano para provar esta afirmação.

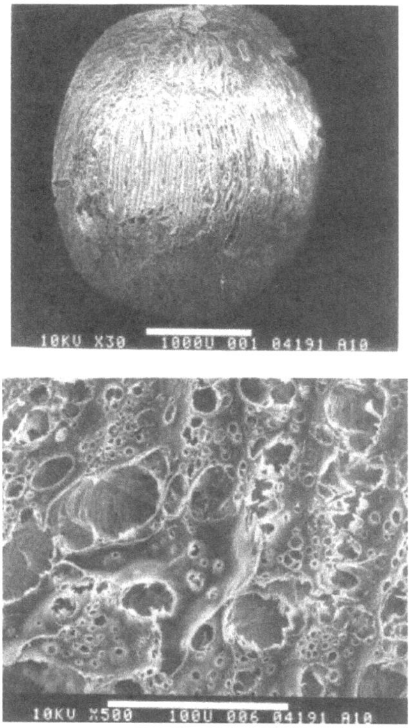


Figura 7: Imagens de microscópio eletrónico de varrimento com ampliação de 30 e 500x, respetivamente [16] .

Outra solução para aumentar a taxa de adsorção de iões de metais pesados foi sintetizar nanocompósitos magnéticos de quitosano com base em nanopartículas funcionalizadas com amina [17]. Estes nanocompósitos provaram ser uma ferramenta eficiente, rápida e conveniente para a remoção de iões divalentes de chumbo, cobre e cádmio. Estes nanocompósitos magnéticos foram propostos como um adsorvente reciclável para a remoção de iões de metais pesados da água e das águas residuais. A Figura 8 mostra um esquema de como preparar nanocompósitos magnéticos de quitosano.

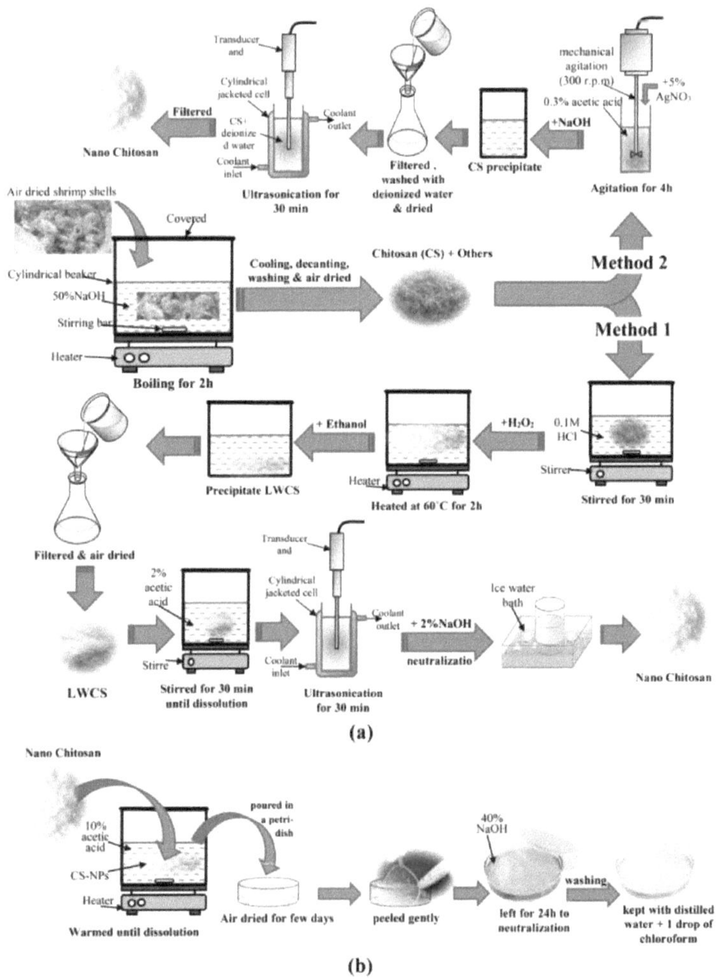


Figura 8. Preparação de nanocompósitos magnéticos de quitosano [17] .

A adsorção de iões de alumínio trivalente a partir de uma solução aquosa foi medida por quitosano a uma temperatura de 30 a cerca de 45,45 mg / g de quitosano [18]. Com o aumento do pH da solução de 3 para 4, a absorção de iões de alumínio aumentou e com o aumento do pH de 4 para cima, a absorção diminuiu. Isto pode ser visto no diagrama da Figura 9.

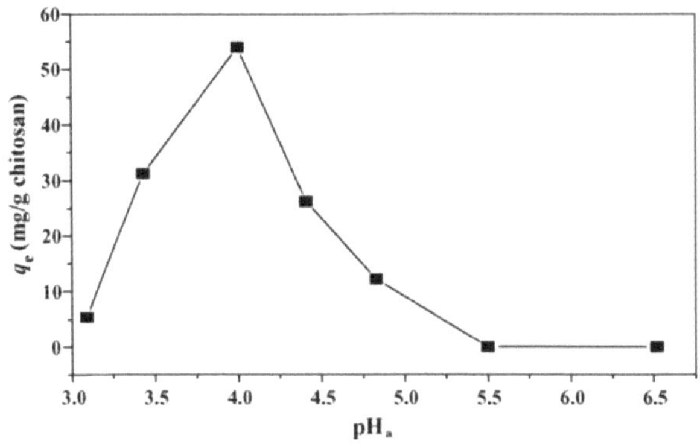


Figura 9. Alterações na absorção de iões de alumínio utilizando quitosano através da alteração do pH [18] .

Foi utilizado um modelo cinético de quase-segunda ordem para descrever a cinética de adsorção de electrões e para estudar a troca de electrões entre os grupos amino do quitosano e os iões de alumínio trivalente. Neste estudo, afirmou-se que, antes de atingir o equilíbrio, o aumento da temperatura aumenta a taxa de adsorção no processo cinético; enquanto o processo de adsorção de alumínio pelo quitosano é um processo exotérmico .Num outro estudo, foi investigada a capacidade e a extensão da adsorção de iões de crómio hexavalente de uma solução aquosa por quitosano com ligações cruzadas e sem ligações cruzadas como adsorvente [19]. O comportamento de adsorção do crómio hexavalente foi modelado pelo modelo isotérmico de Langmuir na gama de concentrações de crómio de 10-1000. Finalmente, ao examinar os resultados, verificaram que a capacidade máxima de adsorção para ambos os tipos de quitosano é de cerca de 78 mg de iões por 1 quitosano de rede e 50 mg de iões por 1 quitosano de rede. Além disso, a absorção óptima e máxima a pH foi igual a 5. Num dos trabalhos mais recentes sobre hidrogel de quitosano, o hidrogel de quitosano juntamente com óxido de grafeno foi introduzido como um novo tipo de adsorvente para tratamento de água [20]. Neste trabalho, as folhas de grafeno e de quitosano formam uma mistura homogénea e formam uma rede 3D. Este hidrogel mostrou uma capacidade de adsorção muito elevada na adsorção de iões metálicos de cobre e chumbo, bem como de corantes catiónicos e aniónicos. Estudos demonstraram que este nanocompósito de hidrogel pode ser utilizado como coluna para a purificação de água .Como se pode ver na Figura 10, a adsorção máxima de iões de cobre e chumbo por este hidrogel compósito a um pH de 5 aumenta com um declive acentuado ao longo do tempo até cerca de 4 e, em seguida, a adsorção de chumbo diminui; enquanto a quantidade de adsorção de cobre ou o declive aumenta menos.

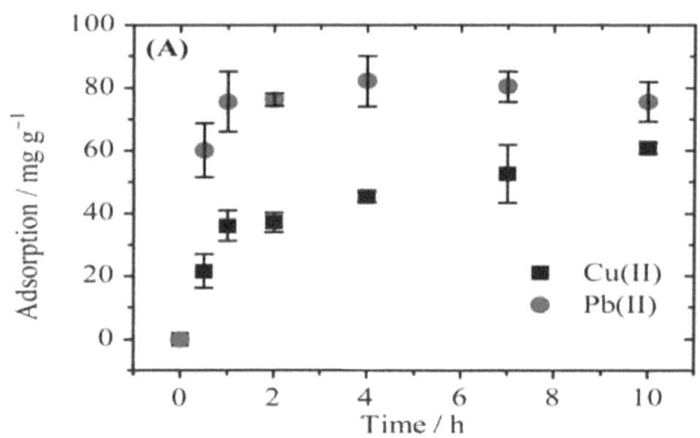


Figura 10. Alterações na taxa de adsorção de iões de cobre e de chumbo utilizando hidrogéis de nanocompósitos de quitosano/óxido de grafeno ao longo do tempo [20] .

Além disso, ao alterar a composição da percentagem de óxido de grafeno em relação ao quitosano, a taxa de adsorção de iões de metais pesados altera-se. Como se pode ver na Figura 11, ao alterar a composição da percentagem em peso de óxido de grafeno em relação ao quitosano de (1,5) para (1,20), a quantidade de adsorção de iões de chumbo aumenta, mas a quantidade de adsorção de iões de cobre aumenta para uma percentagem (10). / 1) aumenta ligeiramente e depois volta a diminuir.

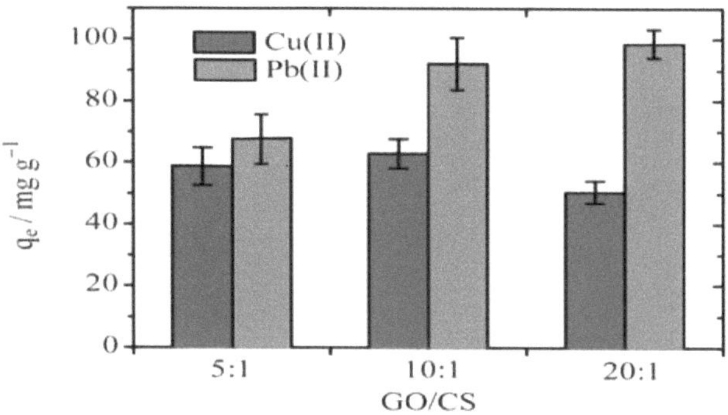


Figura 11. Alterações na taxa de adsorção de iões de cobre e de chumbo utilizando hidrogéis de nanocompósitos de quitosano/óxido de grafeno, alterando a composição percentual do óxido de grafeno [20]

### 2.4. Adsorção de iões de metais pesados utilizando grafeno e seus derivados

A primeira utilização do grafeno funcionalizado como adsorvente de contaminantes iónicos na água foi feita por Chandra et al. [21]. Estes demonstraram que o arsénio podia ser removido da água contaminada. O arsénio na água está presente sob a forma de iões arseniato e arsenito, que quando a sua concentração é superior a 10 ppb, é uma das substâncias mais tóxicas e cancerígenas na natureza. Neste estudo, um compósito magnético $Fe_3O_4$-RGO que pode ser disperso em água foi formado pela redução simultânea de 3 FeCl2, GO, FeCl. O nanocompósito apresentou uma espessura de 10 nm de nanopartículas magnéticas em folhas de RGO, que podem ser utilizadas como um paramagnético super natural designado. O material compósito mostrou uma elevada capacidade de ligação ao arsénio tipo III e tipo 5 e foi capaz de absorver 99,9% do arsénio na água. Devido à natureza inerente destes materiais, podem ser facilmente separados da água purificada utilizando forças magnéticas (tais como ímanes). Na Figura 12, o conceito do tópico acima é bem visível.

Figura 12. Imagem da separação do nanocompósito magnético da solução iónica utilizando um íman (direita) e imagem de microscópio eletrónico de transmissão (TEM) do compósito $Fe_3O_4$-RGO (esquerda) [21].

Noutro estudo, Chandra e Kim obtiveram um híbrido reduzido de polipirrol/óxido de grafeno através da funcionalização não covalente do polipirrol em folhas de grafeno [22]. O polipirrol começou a crescer ao longo das folhas de grafeno, criando uma elevada área de secção transversal e uma superfície naturalmente porosa. Este compósito mostrou a capacidade de adsorver seletivamente iões de mercúrio divalentes a partir de soluções contendo iões divalentes de mercúrio, cobre, cádmio, chumbo e zinco (Figura 13).

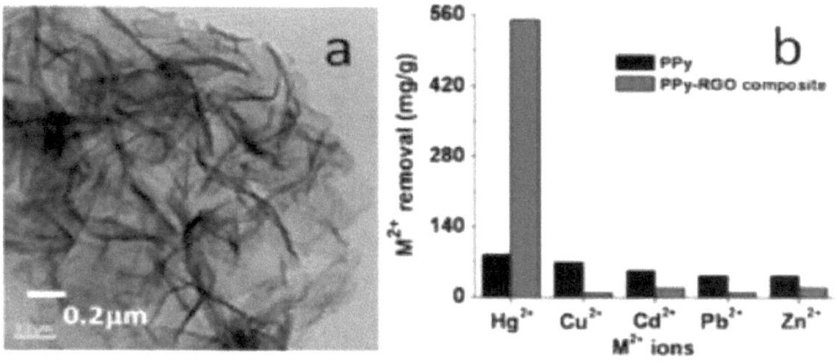


Figura 13. Figura de um diagrama de adsorção selectiva de mercúrio de uma solução aquosa utilizando um compósito reduzido de polipirrol/óxido de grafeno (à direita) e uma imagem de microscópio eletrónico de transmissão (TEM) deste compósito (à esquerda) [22].

Zhang et al. demonstraram que os monólitos de quitosano-gelatina/óxido de grafeno de elevada porosidade podem ser utilizados para adsorver iões de metais pesados, com a vantagem de os materiais utilizados serem biodegradáveis [23]. Verificaram que a introdução de ciclodextrina na solução tornou o material mais estável e forneceu os locais necessários para remover iões de metais pesados. A Figura 14 mostra a estabilidade criada nos nanocompósitos monolíticos devido à utilização de óxido de grafeno e ciclodextrina, em comparação com os monólitos puros, ao longo do tempo de imersão em água. Os materiais utilizados neste nanocompósito para remover iões de chumbo e cobre divalentes das águas apresentaram uma elevada capacidade de reciclagem. Li Li et al. referiram também que o compósito magnético reduzido de quitosano/óxido de grafeno podia ser utilizado como adsorvente eficaz para remover iões de crómio hexavalente dos efluentes [24].

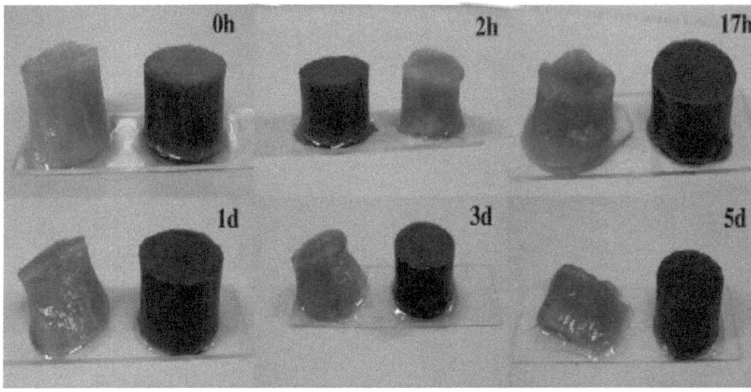


Figura 14. Estabilidade criada nos nanocompósitos monolíticos devido à utilização de óxido de grafeno e ciclodextrina em comparação com o monólito puro ao longo do tempo em água [23].

Vasudvan e Lakshmi demonstraram que o grafeno pode ser utilizado para a remoção eficaz de iões fosfato de soluções aquosas [25]. O grafeno necessário para este estudo foi determinado por descamação da grafite na fase líquida. Isto permite que grupos funcionais adequados para adsorver iões de fosfato se situem na superfície do grafeno. Neste estudo, concluiu-se que esta adsorção ocorre espontaneamente e é quimicamente irreversível. A absorção de fosfato foi estimada em 89,4 mg por grama de grafeno. O ponto digno de nota neste estudo foi o facto de, ao longo do tempo, após 10, a quantidade máxima de absorção ter sido atingida e não ter havido mais absorção. Os dois gráficos das Figuras 15 e 16 mostram a quantidade de fosfato absorvido pelo grafeno durante diferentes temperaturas e concentrações. Como se pode ver, ao fim de 10 operações de adsorção.

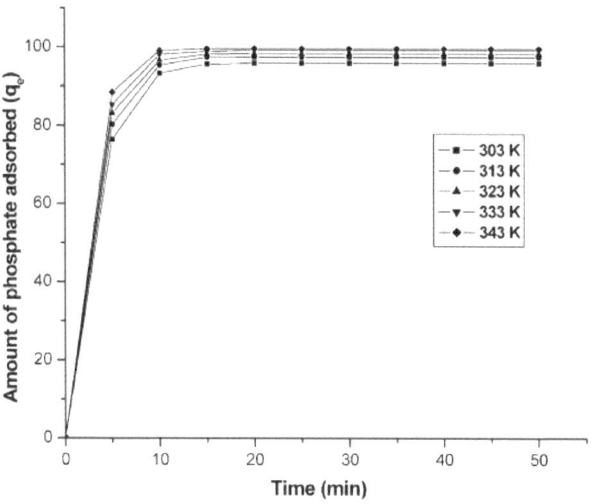


Figura 15. Taxa de adsorção de iões fosfato utilizando grafeno a diferentes temperaturas [25].

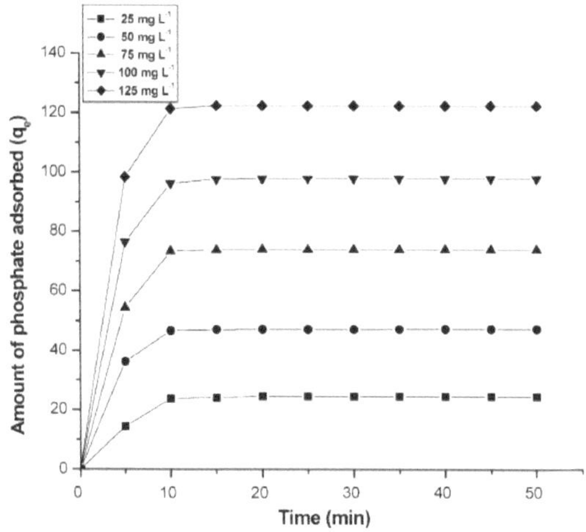


Figura 16. Taxa de adsorção de iões fosfato utilizando grafeno em diferentes concentrações de iões fosfato [25].

### 2.5. Processo de absorção

### 2.5.1. Adsorção

A adsorção divide-se em duas categorias, química e física, com base no tipo de ligações entre a fase adsorvente e a fase adsorvida. Na adsorção física, as ligações são ligações fracas de van der Waals. Na adsorção química, formam-se ligações químicas do tipo covalente entre a fase adsorvente e a fase adsorvida [26].

### 2.5.2. Balanço de adsorção

O processo de adsorção processa-se geralmente através de mecanismos como a transferência de massa da substância dissolvida para o adsorvente, seguida da distribuição intra-partícula. O equilíbrio de adsorção à superfície é estabelecido no sentido dinâmico quando a taxa de adsorção da fase adsorvida na superfície é igual à sua taxa de adsorção .Os modelos mais comuns utilizados para compreender o sistema de adsorção superficial são as equações de Langmuir (adsorção de camada única) e Freundlich (adsorção de múltiplas camadas), que são introduzidas como Equações 1 e 2:

A. Equação de absorção de Langmuir

$$n^* = Kn_M C/(1 + KC) \qquad (1)$$

B. Equação de absorção de Freundlich

$$n^* = AC^B \qquad (2)$$

Onde a quantidade de adsorvente carregado, C é a concentração da fase fluida, K é a constante de velocidade, carga superficial, e A e B são as constantes experimentais. [26].

### 2.5.3. Factores que afectam a taxa de adsorção

#### 2.5.3.1. Superfície absorvente

O diâmetro da fase adsorvente (grãos) é inversamente proporcional à adsorção. Assim, quanto menor for o tamanho das partículas da fase adsorvente, maior será a taxa de adsorção.

#### 2.5.3.2. efeito do pH

Depende da natureza da fase adsorvente. No caso dos iões de metais pesados, a adsorção máxima ocorre geralmente na gama de pH entre 4 e 8.

#### 2.5.3.3. Natureza da fase absorvida

Quanto maior for a dimensão das partículas e o grau de ionização da fase adsorvida, mais rápida será a taxa de adsorção. Além disso, a forma molecular da fase adsorvida é um fator eficaz na taxa de adsorção.

#### 2.5.3.4. Tensão superficial

Quanto maior for a tensão superficial da fase adsorvente ou da fase de adsorção, menos as duas fases tendem uma para a outra e, assim, a taxa de adsorção diminui.

#### 2.5.3.5. Interação eletrostática

Na presença de interação eletrostática, a tendência das duas fases absorventes e absorvidas entre si aumenta e, consequentemente, a velocidade de adsorção aumenta.

### 2.5.4. Termodinâmica de adsorção

Para conceber experiências de adsorção de superfícies (contínuas ou descontínuas), é necessário prestar atenção à taxa de adsorção e às alterações efectuadas durante o processo de adsorção. A taxa de reação pode ser calculada a partir de dados cinéticos.

Mas as alterações na reação durante o processo de adsorção são previstas pelos coeficientes termodinâmicos (energia livre de Gibbs, entalpia, entropia). A entalpia de adsorção da constante de Langmuir é definida como se segue na Equação 3:

$$K_L = K_L^* e^{-\frac{\Delta H}{RT}} \quad (3)$$

Em que as constantes de reação e de entalpia e o objeto dependem do objeto.

Mostra a natureza negativa e exotérmica do processo e a possibilidade de adsorção física, que pode ser facilmente revertida para a adsorção, fornecendo a quantidade de calor igual ao valor calculado, e a transferência da fase adsorvida para o ambiente a partir da fase adsorvente. A taxa positiva também indica o calor do processo e a sua irreversibilidade.

As variações da energia livre de Gibbs podem ser calculadas a partir da Equação 4:

$$\Delta G = RTln\frac{C_e}{C_0} \quad (4)$$

Onde e concentrações de equilíbrio e iniciais da fase adsorvida, respetivamente.

Utilizando e calculando as alterações de entropia (pode ser obtido a partir da Equação 5:

$$\Delta S = \frac{\Delta H - \Delta G}{T} \quad (5)$$

O facto de se tornar mais negativa indica que o processo de absorção é espontâneo. Além disso, se a entropia da reação for inferior a um, a reação será irreversível.

Os valores das funções termodinâmicas podem ser estimados utilizando a Equação 6, conhecida como equação de Van Hoff:

$$log\frac{C_e}{C_0} = \left(\frac{\Delta S}{2.303R}\right) - \left(\frac{\Delta H}{2.303RT}\right) \quad (6)$$

Por conseguinte, os valores e podem ser calculados em termos de largura utilizando a largura da origem e o declive do gráfico em termos de T / 1 [26].

### 2.5.5. Sistemas de adsorção

A tendência entre a fase adsorvente e a fase de adsorção pode ser alcançada por 5 métodos [26]:

A. Descontínuo

B- Leito fixo (fluxo de cima para baixo ou vice-versa)

C- Cama de impacto

D- Cama do atuador em estado estacionário

E- Leito fluidizado

#### 2.5.5.1. Sistema desligado

Os sistemas descontínuos são utilizados para tratar efluentes de baixo volume. Os vários coeficientes utilizados nos sistemas de adsorção descontínuos são apresentados na Figura 17.

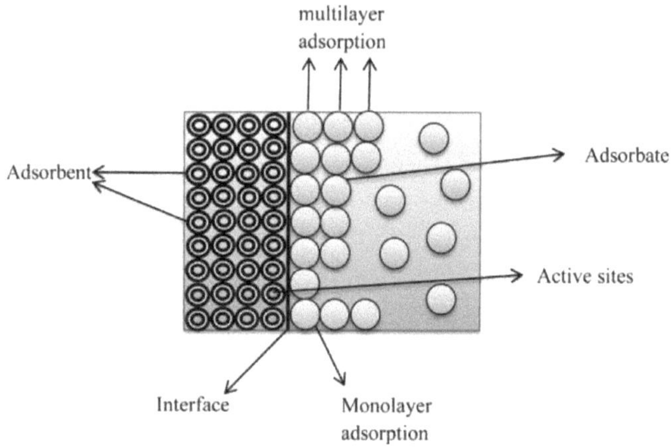


Figura 17. Adsorção utilizando um sistema descontínuo [26].

### 2.5.5.2. Sistemas de leito fixo

Nestes sistemas, não há limite para efluentes de baixo volume. Nos sistemas de leito fixo, a fase absorvida está em contacto constante com a fase adsorvente. Como resultado, as alterações na concentração fornecem o potencial necessário entre a fase adsorvente e a fase adsorvida para a adsorção superficial. A Figura 18 mostra um esquema deste sistema de absorção com o tempo necessário para iniciar a absorção e atingir o equilíbrio.

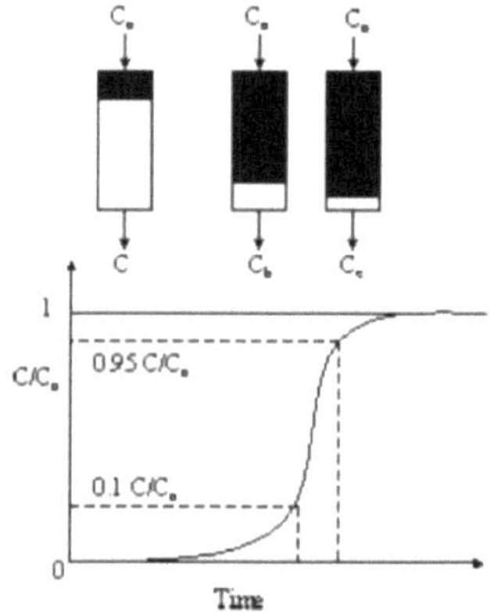

Figura 18. Adsorção utilizando sistemas de leito fixo [26].

#### 2.5.5.3. Sistema de leitos afectados

A adsorção sólido-líquido pode ter lugar no leito impactado, onde algum adsorvente é removido do fundo da coluna a intervalos regulares e substituído por adsorvente fresco. A Figura 19 é apresentada para uma melhor compreensão.

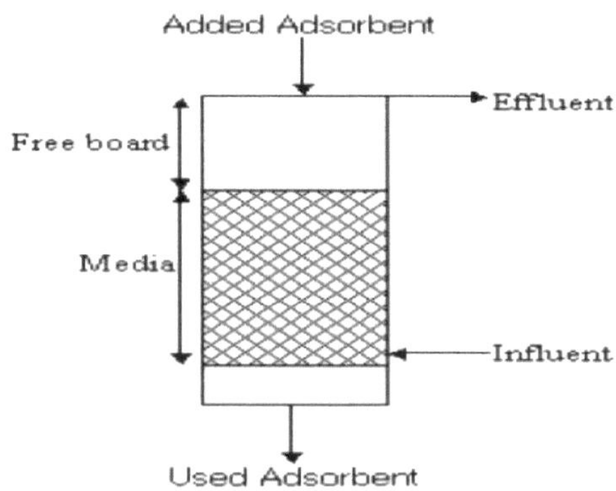


Figura 19. Adsorção utilizando o sistema de leito de impacto [26].

#### 2.5.5.4. Modelos em estado estacionário do sistema de camas

Na coluna de adsorção em estado estacionário, o substrato move-se na direção oposta ao fluxo; a fase adsorvente sólida move-se para baixo enquanto o líquido na coluna se move para cima. Este método é amplamente utilizado na maioria das estações de tratamento de águas residuais. A Figura 20 mostra uma visão geral do processo deste sistema.

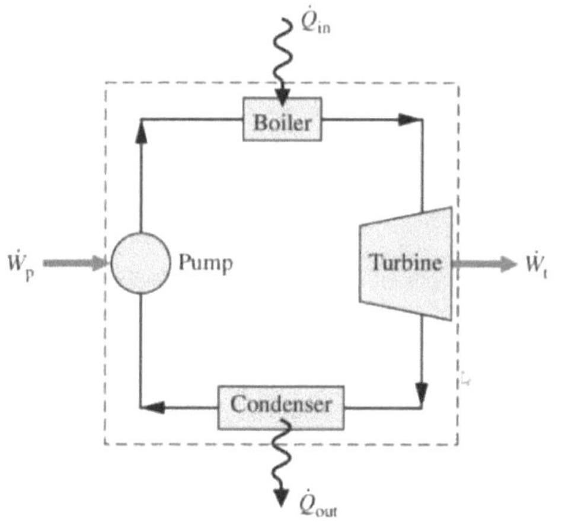


Figura 20. Absorção utilizando um sistema de leito modelado em estado estacionário [26].

### 2.5.5.5. Sistema de leito fluidizado

Para qualquer processo de adsorção, é vantajoso minimizar a fase de adsorção tanto quanto possível para obter uma taxa de adsorção mais elevada. A utilização de pequenas partículas de adsorvente num leito fixo causa problemas como a perda de grandes quantidades de adsorvente do fundo da coluna, a reação do ar e a contaminação com outros materiais. Isto pode ser evitado em sistemas de leito fluidizado. O sistema fluidizado tem a vantagem de uma transferência de massa mais rápida entre a fase adsorvente e a fase adsorvida do que outros sistemas. Este sistema é utilizado para absorver poluentes do gás. A figura 21 ilustra bem esta situação.

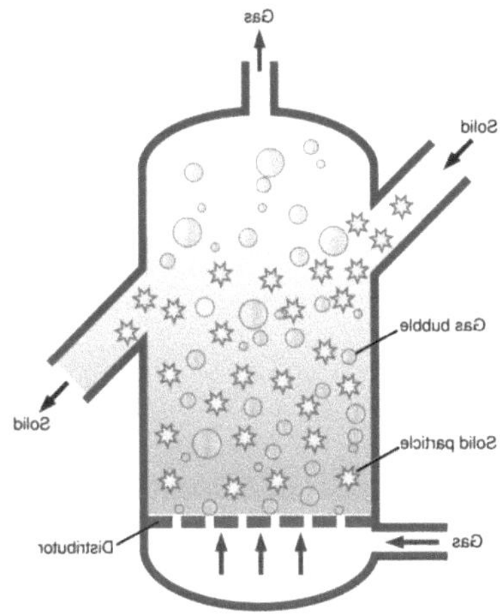


Figura 21. Adsorção de gás de arraste utilizando sistemas de leito fluidizado [26].

### 2.5.6. Absorventes

Qualquer sólido que tenda a absorver um meio fluido na sua superfície é um adsorvente. No entanto, apenas uma pequena quantidade de sólidos com superfície ativa tem a capacidade de adsorver seletivamente para os adsorventes [26]. As caraterísticas importantes dos adsorventes para uma aplicação elevada são: elevada capacidade, seletividade, capacidade de reciclagem, respeito pelo ambiente e baixo custo .A capacidade de adsorção é a caraterística mais importante do adsorvente. A capacidade do adsorvente depende da concentração da fase de adsorção, da temperatura, do pH do fluido, do tempo de contacto da fase de adsorção, da tendência da fase adsorvida e assim por diante. A capacidade de adsorção é mais importante do que o custo; porque o aumento da eficiência do adsorvente reduz a utilização de adsorvente para absorver poluentes .A capacidade de recuperar a fase adsorvente e de ter um desempenho uniforme em ciclos sucessivos requer a adsorção física da fase adsorvida na fase adsorvente. A reprodução e a redução da fase adsorvente podem ser criadas por flutuações de temperatura, flutuações de pressão ou métodos químicos como a substituição, a lavagem e a extração extra crítica. O método de substituição requer partículas que são muito mais fortes do que a fase adsorvida. Já no método de lavagem, é necessário determinar a solubilidade dos materiais absorvidos pelo solvente. É de notar que todos os métodos químicos que requerem um desempenho de separação de suporte separado podem ser dispendiosos .Os adsorventes são geralmente divididos nas três categorias seguintes:

A. Adsorventes minerais

B. Adsorventes orgânicos

C. Adsorventes biocompatíveis

### 2.5.6.1. Adsorventes minerais

A maioria dos minerais e muitos minerais sintéticos foram estudados como adsorventes. Estes adsorventes incluem cloretos (como o cloreto de cálcio), óxidos (como o óxido de magnésio ou o óxido de zinco), silicatos (como o silicato de magnésio), sulfatos metálicos, bicarbonato de sódio e calcário. Os adsorventes minerais industriais incluem a alumina, a sílica e os zeólitos.

### 2.5.6.2. Adsorventes orgânicos

Estes adsorventes contêm materiais com bases orgânicas naturais ou sintéticas. Para além do carvão ativado ou do carvão, tem sido utilizada uma grande variedade de materiais orgânicos para adsorção. Estes materiais incluem nanoargila, nanotubos de carbono e, mais recentemente, grafeno. Estas nanopartículas têm uma elevada capacidade de absorver vários poluentes, especialmente iões de metais pesados da água, devido à sua elevada área de secção transversal e à sua capacidade de serem funcionalizadas com diferentes grupos funcionais.

#### 2.5.6.3. Adsorventes biocompatíveis

Entre os materiais biocompatíveis para a absorção de poluentes da água encontram-se a celulose, a quitina, a quitosana, o colagénio, o amido e os polissacáridos derivados de cereais. Para além da sua elevada capacidade de absorção de poluentes devido à presença de grupos funcionais adequados, estes adsorventes são totalmente compatíveis com o ambiente. A utilização destes adsorventes biocompatíveis aumentou drasticamente nos últimos anos devido ao seu carácter ecológico. No entanto, o preço relativamente elevado destes atractivos ambientais tem causado problemas na sua comercialização e utilização no tratamento de águas industriais e de águas residuais.

## 2.6. Métodos de preparação e síntese do grafeno

Dependendo da aplicação e do objetivo do nanocompósito, são utilizados diferentes métodos para sintetizar o grafeno. Em geral, os métodos de preparação do grafeno podem ser divididos em duas categorias gerais: método ascendente e método descendente, que são apresentados de seguida.

### 2.6.1. métodos de subida

Neste processo, são utilizados métodos como a deposição de vapores químicos [27-32] (por exemplo, a degradação do etileno em superfícies de níquel), a descarga por arco elétrico [33], o crescimento na superfície de carboneto de silício [34-38], a conversão química [39-41], a redução do monóxido de carbono [42], a abertura de nanotubos de carbono [43-45] e a auto-montagem de surfactantes [46]. Curiosamente, o método de deposição química de vapor e de descarga por arco produz folhas de grafeno grandes e sem falhas; mas, ao mesmo tempo, a produção destas folhas é muito baixa em termos de massa. Por conseguinte, esta quantidade de produção de grafeno pode ser suficiente para estudos básicos e aplicações electrónicas; no entanto, como os nanocompósitos de polímeros requerem grandes quantidades de grafeno, estes métodos não são uma fonte adequada para utilização em polímeros. As vantagens e desvantagens acima referidas estão resumidas no Quadro 1.

Tabela 1. Métodos de produção de grafeno utilizando métodos bottom-up [47].

| Método | Tamanho | | Benefícios | Defeitos |
|---|---|---|---|---|
| | Espessura | Lado | | |
| Preensão limitada | Camada única | 100nm | Controlo da espessura | Defeitos estruturais |
| DCV | Multi-camadas (baixo) | Grande (cm) | Tamanho grande e alta qualidade | Escala de fornecimento reduzida |
| Crescimento no Sic | Multi-camadas (baixo) | Escala CM | Superfície muito grande | Escala de fornecimento reduzida |
| Abertura de nanotubos de carbono | Multi-camada (alta) | Poucos $\mu m$ | Controlo do tamanho | Custo elevado |
| Redução do óxido de grafeno | Multi-camada (alta) | Inferior a$\mu m$ scale | Camadas não oxidadas | Impureza |

### 2.6.2. Métodos de produção "top-down

Nos processos descendentes, o grafeno ou as folhas de grafeno modificadas podem ser formados separando ou esfoliando a grafite e os seus derivados (como o óxido de grafite e o fluoreto de grafite). [48]. Este método permite obter uma grande quantidade de folhas de grafeno. Consequentemente, este método é adequado para a produção à escala industrial e fornece o grafeno necessário para aplicações e compósitos poliméricos. O método de produção descendente tem vantagens económicas significativas em relação ao método de produção ascendente. A grafite é um produto industrial que é produzido anualmente em mais de 1,1 milhões de toneladas no mundo e, em 2008, foi vendida a um preço de 825 dólares por tonelada. Por conseguinte, a abordagem de produção descendente será discutida em mais pormenor e os métodos de produção ascendente serão omitidos.

A grafite expandida por tratamento térmico ou ácido [49], [50], pode produzir outra forma bidimensional de carbono com uma espessura de 100 nm e é utilizada como carga em compósitos poliméricos. Recentemente, uma forma mais fina de grafite expandida com 10 nm de espessura, conhecida como nanofolhas de grafite, foi produzida a partir de grafite fluorada tratada termicamente ou de radiação de micro-ondas [52] em grafite expandida com óxido. As nanofolhas de grafite, por terem uma área de superfície específica mais elevada e também por terem uma espessura mais baixa e mais camadas numa composição percentual fixa em comparação com a grafite, a condutividade eléctrica dos polímeros, bem como as suas propriedades físicas e mecânicas, são significativamente mais elevadas do que a grafite. Aumentos [52-53]. Uma vez que o nosso foco neste projeto é o grafeno de camada única, a mesma definição de nanofolhas de grafite é suficiente, e então o grafeno de camada única é examinado.

### 2.6.2.1. Descascamento direto da grafite

A atenção para o grafeno surgiu a partir do corte micromecânico da grafite [54]. Este método pode produzir folhas de grafeno de grande dimensão e qualidade; no entanto, a sua taxa de produção é muito baixa e limitada, o que torna possível a utilização deste método para produzir grafeno apenas para estudos básicos e aplicações específicas [54]. Recentemente, porém, a grafite foi convertida diretamente em grafeno de camada única e multicamada na presença de polivinilpirrolidina [55] ou N-metilpirrolidina [56]. Também foi possível obter este tipo de grafeno por funcionalização eletroquímica em soluções iónicas [57] e por dissolução em superácidos [58]. O método de ultra-sons diretos tem potencial para produzir grafeno monocamada e multicamada em grandes quantidades, bem como para funcionalizar o grafeno para aplicações e utilização em compósitos. Mas separar e descascar as folhas de grafeno da massa de grafite pode ser um desafio para a utilização deste método. A dissolução da grafite em ácido clorossulfúrico também tem potencial para produzir grafeno em grande escala, mas devido à perigosidade deste solvente e ao elevado custo de remoção do solvente deste sistema, a utilização deste método é limitada [58]. É de notar que o método de descamação eletroquímica produz folhas de grafeno funcionalizadas com grupos imidaziolium, o que torna o grafeno facilmente disperso em solventes polares [57].

### 2.6.2.2. Óxido de grafite

Atualmente, o método mais promissor para a produção de grafeno à escala industrial baseia-se no descasque do óxido de grafite e na redução dos grupos de oxigénio nele contidos. O óxido de grafite foi produzido por Brody há cerca de 150 anos [59]. O óxido de grafite foi também produzido, com diferentes modificações, pelos métodos de Studenmeier [60] e Hummers [61]. Nestes métodos, a grafite é oxidada utilizando oxidantes fortes, tais como permanganato de potássio, clorato de potássio e nitrito de sódio, na presença de ácido nítrico ou da sua mistura com ácido sulfúrico. Ao efetuar esta operação, tal como a grafite, que é composta por folhas de grafeno, o óxido de grafite é também composto por folhas de óxido de grafeno, sendo a distância entre as suas placas entre 6 e [62]. A estrutura do óxido de grafeno tem sido estudada em muitos artigos em termos de estudos teóricos [63] bem como em estudos laboratoriais [64-66]. Resumidamente, a partir desta investigação, é de salientar que o óxido de grafeno tem na sua superfície grupos epóxi, hidroxilo, carboxilo, lactona e anel cetona contendo oxigénio.

#### 2.6.2.3. Redução química do óxido de grafeno

Neste método, é preparada uma dispersão coloidal estável de óxido de grafeno, seguida da adição de produtos químicos para regenerar os grupos de oxigénio das folhas de óxido de grafeno. Solventes como a água, o álcool e outros solventes polares podem ser utilizados para preparar colóides estáveis de óxido de grafeno. Utilizar este ultrassom durante muito tempo por ultrassom ou agitação. As folhas de óxido de grafeno também podem ser separadas em solventes polares, reagindo com compostos orgânicos como o isocianato [68] e a octadissilamina [69] ou o surfactante [70]. No entanto, estas suspensões podem ser utilizadas para produzir compósitos polímero/óxido de grafeno, mas devido à condutividade eléctrica e à baixa estabilidade térmica do óxido de grafeno, este método não é perfeito. O óxido de grafeno ou o óxido de grafeno modificado pode ser reduzido através da redução química do óxido de grafeno com substâncias como a hidrazina [68], [70], brometo de sódio com hidrazina [71], hidroquinona [72] e radiação ultravioleta [73], sendo convertido em grafeno. A Figura 22 mostra um esquema de como o óxido de grafeno é reduzido e os grupos funcionais oxigenados são eliminados utilizando hidrazina:

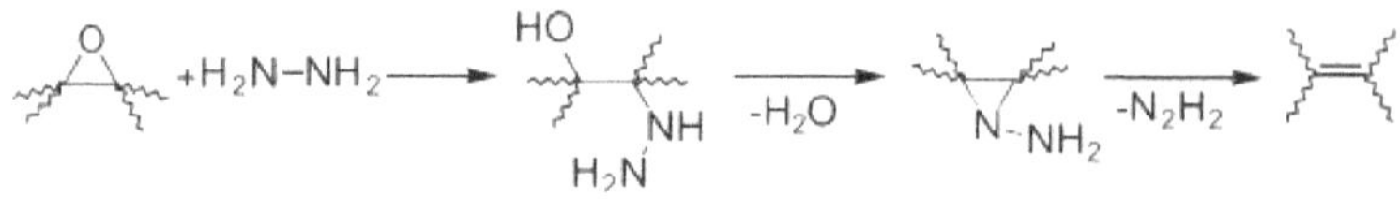


Figura 22. Redução do óxido de grafeno com hidrato de hidrazina e obtenção de grafeno [68] .

Embora a redução química do óxido de grafeno constitua uma forma eficaz de produzir folhas de grafeno, a natureza perigosa dos produtos químicos utilizados e o elevado custo destes materiais reduzem a utilização deste método para a produção industrial de folhas de grafeno. Um método químico alternativo eficaz para reduzir as folhas de grafeno consiste em desidratar os grupos funcionais hidroxilo em água, sob alta pressão e a uma temperatura entre 120 e 200 ºC [74]. O pó de alumínio é utilizado como catalisador para acelerar o processo de redução do óxido de grafeno [75].

### 2.6.2.4. Descasque térmico e redução do óxido de grafeno

O óxido de grafeno reduzido pode ser obtido através do aquecimento de óxido de grafeno seco sob gás inerte a uma temperatura elevada. O aquecimento do óxido de grafeno num meio neutro a uma temperatura de 1000 durante 30 minutos leva à redução e descamação do óxido de grafeno e à produção de folhas de grafeno [76-77]. A descamação do óxido de grafeno sob pressão produzida pelo gás dióxido de carbono provoca a decomposição dos grupos funcionais epóxi e hidroxilo na superfície do óxido de grafeno devido à aplicação de forças excessivas na valsa entre si. Como resultado desta reação e da decomposição e perda de grupos funcionais oxigenados na superfície do óxido de grafeno, cerca de 30% do peso do óxido de grafeno é reduzido e convertido em grafeno [77].

80%das folhas de grafeno produzidas pelo método acima descrito são de camada única e têm um tamanho médio de 500; o tamanho destas placas não está relacionado com o tamanho das placas de óxido de grafeno originais [76]. Uma das vantagens da utilização de folhas de grafeno desta forma é a redução química das folhas de óxido de grafeno sem a necessidade de dispersar estas folhas no solvente e de utilizar um solvente. A relação entre os grupos de carbono e os grupos de oxigénio nas folhas de grafeno reduzidas termicamente é de 10: 1, enquanto que esta relação é de 2: 1 no óxido de grafeno [76]. Assim, com a redução do óxido de grafeno, assiste-se a uma redução acentuada dos grupos de oxigénio no grafeno. Além disso, se a temperatura de 1500 ou mais for utilizada para a redução térmica do óxido de grafeno, este rácio aumentará 660 para 1. As folhas de grafeno reduzidas pelo calor têm uma secção transversal muito elevada de 1700. Este rácio é medido em azul de metileno. Estas placas têm também a capacidade de se dispersar em solventes orgânicos como a N e a N-metilformamida e o tetrahidrofurano. A redução térmica também regenera e melhora as propriedades de condutividade eléctrica. Num estudo, a condutividade eléctrica de uma película de grafeno com uma densidade de 0,3 situou-se entre 10 e 20 [77]; enquanto que este valor foi medido e relatado para cerca de 6000 para a monocamada de grafeno [78] .A natureza, tamanho médio e espessura das folhas de grafeno produzidas por diferentes métodos, de cima para baixo, bem como as vantagens e desvantagens de cada método, estão resumidas na Tabela 2. É de salientar que, tal como se mostra na Tabela 2, as melhores formas de produzir folhas de grafeno utilizadas em nanocompósitos poliméricos partem do óxido de grafeno e da sua redução.

Tabela 2. Formas de produção de folhas de grafeno [47].

| Método | Tamanho | | Benefícios | Defeitos |
|---|---|---|---|---|
| | Espessura | Lado | | |
| Diretamente do grafite | | | | |
| Distribuição micromecânica | Poucas camadas | $\mu m\ to\ cm$ | Tamanho grande da camada | Escala de fornecimento reduzida |
| Grafite ultra-sónica | Simples e multicamadas | Inferior a $\mu m$ | Grafema não modificado | Baixa eficiência |
| Distribuição eletroquímica | Simples e multicamadas | $n$m-500 700$n$m | Condutividade eléctrica | Custo do solucionador |
| Solução superácida | Camada única | $n$m-300 900$n$m | Grafema não modificado | Extração do solucionador |
| De derivados de grafite (fluoreto ou óxido de grafite) | | | | |
| Alcalinização com lítio | Camada única | $\mu m$ | Tamanho grande | Colar camadas com o tempo |
| Redução química do coloide GO | Simples e multicamadas | $\mu$m | Tamanho grande | Matéria-prima tóxica |
| Correção Redução química do GO | Camada única | $\mu$m to 100 $\mu$m | Distribuição correta | Baixa resistência ao calor |

| Reanimação térmica | Simples e multicamadas | Perto de*nm* 500 | Redução e dispersão simultâneas | Tamanho pequeno da camada |
|---|---|---|---|---|

## 2.7. Funcionalização química do grafeno

Até à década de 1980, a família do carbono era conhecida apenas pela grafite e pelo diamante. Esta situação mudou completamente com a descoberta e o reconhecimento de alótropos moleculares de carbono, como o fulereno, os nanotubos de carbono e, mais recentemente, o grafeno [79]. Entre os alótropos de carbono, o grafeno tem atraído muita atenção devido às suas propriedades únicas e ao seu excelente desempenho. Além disso, o custo de produção do grafeno é muito baixo em comparação com outras nanopartículas à base de carbono. Por conseguinte, a comunidade científica tem prestado atenção aos vários aspectos do grafeno e, em especial, à sua modificação da superfície. A funcionalização e a dispersão das folhas de grafeno são de grande importância em várias aplicações. A funcionalização química do grafeno pode ser efectuada através de métodos baseados em solventes, tais como a montagem camada a camada, o spin-coating e a filtração. A funcionalização química do grafeno impede a compactação e a adesão das placas umas às outras durante a redução do grafeno na fase de solvente e ajuda a preservar as propriedades inerentes ao grafeno. O óxido de grafeno é amplamente utilizado como matéria-prima para o processamento do grafeno. A presença de grupos carbonilo e de grupos extra-carboxilo nas extremidades das placas de óxido de grafeno torna a nanopartícula muito sensível à água e permite-lhe inchar e dispersar-se facilmente na água .Para preparar o grafeno, a redução do óxido de grafeno é efectuada por métodos químicos, térmicos ou fotoquímicos. No entanto, a redução do óxido de grafeno (devido à adesão das placas umas às outras) sem estabilização conduz à deposição de grafite e à acumulação irreversível de folhas de grafeno. Por conseguinte, a correção da superfície das folhas de óxido de grafeno é geralmente feita por funcionalização covalente ou não covalente com redução do óxido de grafeno [80]. Nos métodos convencionais, a redução do óxido de grafeno modificado com alquilaminas provoca a dispersão e a dispersão estável das folhas de grafeno funcionalizadas em solventes orgânicos. Para obter grafeno estável e dispersável em água, grupos carboxilo com sulfonite podem ser formados na superfície do grafeno [71,81]. No entanto, têm sido feitos esforços para produzir grafeno estável e dispersável em solventes orgânicos diretamente a partir da grafite. Os investigadores prepararam grafeno modificado com líquidos iónicos por método eletroquímico e diretamente a partir de grafite natural, tendo as suas propriedades e estabilidade sido investigadas [57,82]. Vários outros métodos para a preparação de grafeno não-funcionalizado com elevado rendimento e dispersão estável foram publicados em artigos [83].

### 2.7.1. Factorização covalente

Nesta secção, trataremos exclusivamente da funcionalização covalente do grafeno . As alterações estruturais podem ocorrer na superfície ou nos bordos das placas de nanopartículas de grafeno. A funcionalização da superfície é feita através da ligação cruzada de um ou mais átomos de carbono da rede de carbono $sp^2$ para a configuração $sp^3$, ao mesmo tempo que se verifica a perda de dois electrões [79]. A modificação covalente do grafeno pode ser obtida através de 4 métodos diferentes, como se segue:

A. Reação de substituição nuclear

B. Reação de substituição electrofílica

D. Reação passo a passo

E- Reação adicional

A Tabela 3 mostra os tipos de modificações covalentes do óxido de grafeno utilizando diferentes modificadores, a sua estabilidade de dispersão em diferentes solventes, a sua estabilidade em diferentes solventes e a sua condutividade eléctrica.

Tabela 3. Tipos de métodos de correção covalente da superfície do óxido de grafeno [84].

| Método de correção | Agente de correção | Solucionadores com dispersão estável | Taxa de dispersão (mg/ml) | Propriedades eléctricas (s/m) |
|---|---|---|---|---|
| Reação de substituição nuclear | Alquil amina / aminoácido | Clorofórmio, tetrahidrofurano, tolueno, diclorometano | - | - |
| | Ácido 4-Aminobenzeno sulfónico | Água | 0.2 | - |
| | Éter 4 -4-diaminodilfeníl ico | Xileno, metanol | 0.1 | - |
| | Óxido de polietileno | Tetrahidrofurano | 0.2 | - |
| | Amina alílica | Água, formamida dimetílica | 1.55 | - |

| | | | | |
|---|---|---|---|---|
| | 3- Aminopropil trietoxilano | Água, etanol, dimetilformamida, dimetilsulfóxido | 0.5 | - |
| | Amina terminada com solução iónica | Água, dimetilformamida, dimetilsulfóxido | 0.5 | - |
| | Poli-lisina | Água | 0.5 | - |
| | Dopamina | Água | 0.05 | - |
| | Poliglicerol | Água | 3 | - |
| | Polineurina | Água, Metanol, Acetona, Dimetilformamida, N-metil-2-pirrolideno, Tolueno | 0.1 | - |
| Reação de substituição electrofílica | Ácido 6-amino 4-hidroxi-naftaleno sulfónico | Água | 3 | 145 |
| | 4-Bromoanilina | Dimetilformamida | 0.02 | - |
| | Ácido sulfanílico | água | 2 | 1250 |
| | Metilpirrolidina | Etanol, dimetilformamida, | 1.4-0.2 | 21600 |

| | | | | |
|---|---|---|---|---|
| | | n-metil-2-pirrolidina, policarbonato, tetrahidrofurano | | |
| Reação por etapas | Isocianatos orgânicos | Dimetilformamida, N-metil-2-pirrolideno, dimetilsulfóxido, hexametilfosforamida | 1 (dimetilformamida) | - |
| | Diisocianatos orgânicos | Dimetilformamida | - | 1.9*10-4 |
| | Octactil amina | Tetra-hidrofurano, tetracloreto de carbono , 1 e 2 diclorometano | 0,5 (tetrahidrofurano) | - |
| | Tetrametil etileno diamina | Tetrahidrofurano | 0.2 | - |
| | Polietilenoglicol com terminação amínica | Água | 1 | - |
| | Quitosun | Água | 2 | - |

| | | | | |
|---|---|---|---|---|
| | Tri-fenilamina à base de polisometina | Tetrahidrofurano | - | - |
| | Beta-ciclodextrina | Água, acetona, dimetilformamida | 1(dimetilformamida) | - |
| | Alfa-ciclodextrina beta-ciclodextrina gama-ciclodextrina | Água, etanol, dimetilformamida, dimetilsulfóxido | Mais de 2,5 | - |
| | Álcool polivinílico | Água, sulfóxido de dimetilo | - | - |
| | Amina funcionalizada com parafina | Dimetilformamida | - | - |
| | Adenina-Cristina-Nicotamida-Oval Boumin | Água | 0.1 | - |
| Reação adicional | Polioxilamina | Tetrahidrofurano | 0.2 | - |
| | Poliestireno | Orto di clorobenzeno | 0.1 | - |

| | Ariano | Dimetilformamida, orto-diclorobenzeno | 0.4 | - |
|---|---|---|---|---|
| | Ciclopropano malonite | Tolueno, orto-diclorobenzeno, dimetilformamida, diclorometano | 0.5 | - |

#### 2.7.1.1. Reação de substituição nuclear

Neste método, os principais locais de reação são os grupos epóxi na superfície do óxido de grafeno. Nesta reação, os grupos funcionais amina atacam o par de electrões não ligados dos grupos epoxi para afetar a reação. Em comparação com outros métodos, a substituição do núcleo ocorre facilmente à temperatura ambiente e num ambiente aquoso. Por conseguinte, este método tornou-se um método de incorporação para a produção de grafeno funcionalizado em grande escala e industrializado. Uma variedade de aminas alifáticas e aromáticas, aminoácidos, biomoléculas terminadas em amino, líquidos iónicos, polímeros de baixo peso molecular e compostos de silano foram produzidos com sucesso na produção de grafeno funcionalizado [85-86].

Por exemplo, Koila et al., bem como Wang et al., utilizaram dodecil amina e octa decilamina para sintetizar grafeno funcionalizado. A Figura 23 mostra um esquema da preparação de grafeno funcionalizado utilizando alquilamina [85].

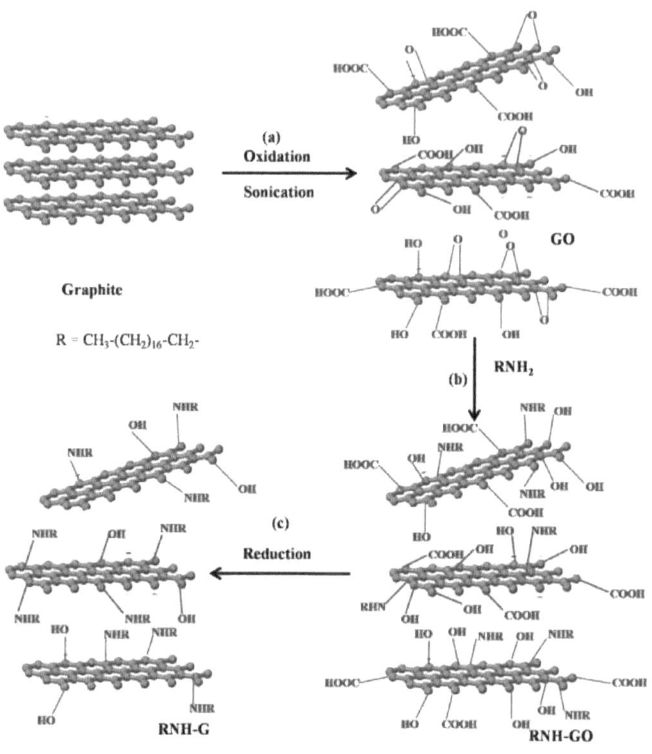


Figura 23. Obtenção de folhas de grafeno funcionalizadas com grafite: (a) oxidação do grafeno (b) funcionalização do óxido de grafeno com amida de alquilo, e (c) redução do grafeno funcionalizado [85]

#### 2.7.1.2. Reação de substituição electrofílica

As reacções de substituição electrofílica com o grafeno são realizadas através da deslocação de um átomo de hidrogénio por um eletrófilo. Por exemplo, a ligação espontânea de um sal de aril diazónio à superfície do grafeno é um exemplo de uma reação de substituição electrofílica. O sal de diazónio paranitro anilina também pode ser capturado na superfície do grafeno [87]. A Figura 23 mostra um esquema da funcionalização do grafeno com sal de diazónio por reação de substituição electrofílica.

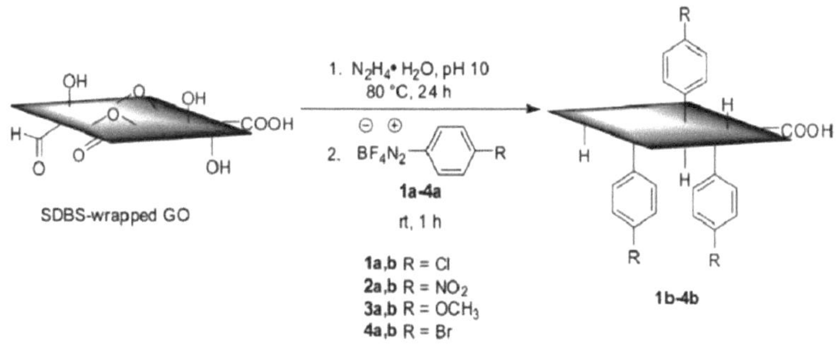


Figura 23. Ativação de grafeno rodeado por surfactante SDBS com sal de diazónio por reação de substituição electrofílica [70].

### 2.7.1.3. Reação por etapas

Uma reação por etapas é uma reação química em que uma molécula com grupos funcionais se combina com uma perda de entropia para formar uma única molécula. No caso do grafeno, a reação gradual com compostos de isocianato, diisocianato e amina ocorre através da formação de amidas e ésteres de carbamato. Stankovich et al. utilizaram uma série de compostos isocianatos para modificar a superfície do óxido de grafeno (Figura 24).

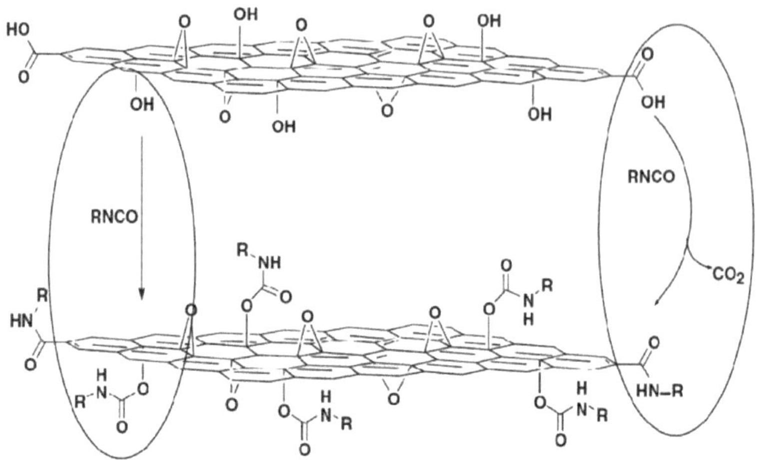


Figura 24. Reação de grupos carboxilo de oxigénio (direita) e hidroxilo (esquerda) na superfície do óxido de grafeno com isocianato e produção de grafeno funcionalizado [88].

A reação tem lugar num solvente de dimetilformamida sob uma atmosfera de azoto (gás neutro). Quando se utiliza isocianato sólido, o óxido de grafeno e o isocianato são colocados num frasco antes de serem adicionados à dimetilformamida. Como resultado destas experiências, o óxido de grafeno é funcionalizado e, consequentemente, pode ser facilmente disperso em dimetilformamida. Este facto será útil na preparação de nanocompósitos de polímeros [89].

Tal como o isocianato orgânico, o diisocianato orgânico é muito útil para a preparação de óxido de grafeno funcionalizado e para a sua reticulação [90]. A captura de octadisilamina na superfície do óxido de grafeno é conseguida através da ativação dos grupos carboxilo presentes na superfície utilizando cloreto de tionilo (SOCl2). A funcionalização ocorre por ligação covalente entre os grupos activados -COCl do óxido de grafeno e os grupos funcionais NH2 das cadeias de octotiamina. A Figura 25 mostra um esquema desta reação.

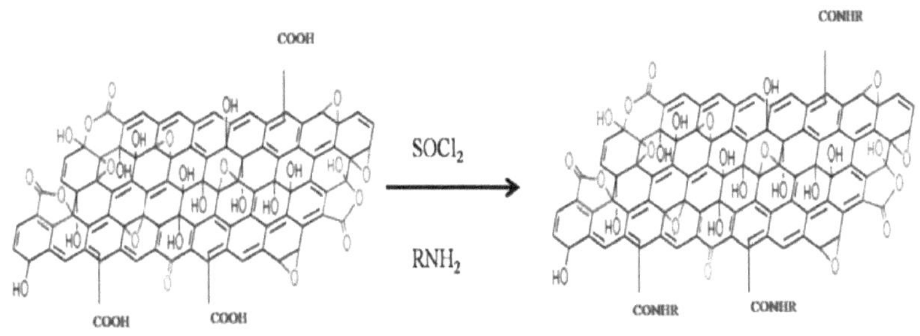


Figura 25. Ativação do óxido de grafeno com octadecilamina e utilização de cloreto de tionilo [64].

Recentemente, artigos foram capazes de modificar o grafeno usando quitosana por micro-ondas e em dimetilformamida [91]. A funcionalização foi realizada através de uma reação entre os grupos carboxilo do óxido de grafeno e os grupos amino do quitosano, e durante a redução do óxido de grafeno utilizando hidrazina monohidratada. O esquema desta reação é apresentado em

### 2.7.1.4. Reação adicional

Neste método, duas ou mais moléculas são combinadas para formar uma molécula maior em reacções orgânicas adicionadas. A Figura 26 apresenta um esquema da captura da cicloadição do 1 e do 3 diplo diacónio yild na superfície do grafeno [92].

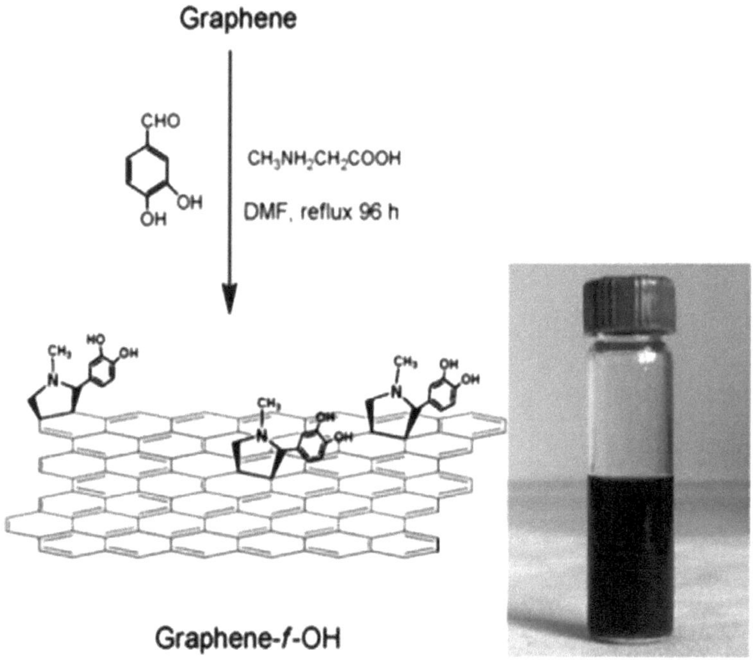


Figura 26. captura da 1,3-dipolarização do diazénio yild na superfície do grafeno [93].

2.7.2. Factorização não covalente

As interações não covalentes envolvem principalmente forças hidrofóbicas, de van der Waals e electrostáticas que requerem a adsorção física de moléculas adequadas na superfície do grafeno. A funcionalização não covalente é efectuada para obter o revestimento de polímeros, a adsorção de surfactantes ou de pequenas moléculas aromáticas e a interação com porfirinas ou moléculas biodegradáveis, como o ácido desoxirribonucleico (ADN) e os péptidos. A funcionalização não covalente é uma técnica bem conhecida para modificar a superfície de nanopartículas à base de carbono. Este método tem sido amplamente utilizado nos últimos anos para modificar a superfície de redes sp2 de nanotubos de carbono [94] - [96]. A investigação em curso mostra que a utilização de técnicas semelhantes para o grafeno pode ser conseguida utilizando uma variedade de modificadores orgânicos [96-98]. A Tabela 4 examina a modificação não covalente do óxido de grafeno utilizando diferentes modificadores, a estabilidade da sua dispersão em diferentes solventes e a sua condutividade eléctrica.

Tabela 4. Modificação não-covalente do óxido de grafeno utilizando diferentes modificadores [84].

| Método de correção | Solucionadores com dispersão estável | Taxa de dispersão (mg/ml) | Propriedades eléctricas (s/m) |
|---|---|---|---|
| Sulfonato de polissódio-4-estireno | água | 1 | - |
| Sulfonite de polianilina | Água | Mais de 1 | 30 |
| Ácido pireno-butírico | água | 0.1 | 200 |
| Polímero com terminação amínica | 1,3-dimetil-2-imidazolidinona, gama-butirolactona, 1-propanol, etanol, etilenoglicol, dimetilformamida | 0.4 | 1500 |
| Acrilamida de poli-n-isopropilo | Água | - | - |

| | | | |
|---|---|---|---|
| Polissódico-4-estirenossulfonito tomado sobre polipirrol | Água | 3 | - |
| Dendrímero de polipropileno imina | Água | - | - |
| Derivados de Cronen | Água | 0.15 | - |
| Poli (2,5-bis (3-sulfonitopropoxi) -1,4-etinilfenileno - alternativa-1,4-etinilfenileno) | Água | 0.25 | 30kΩ (resistência) |
| Dodecil benzeno sulfonato de sódio | Água | 1 | 80kΩ (resistência) |
| Metileno verde | Água | 0.1 | - |
| Lignossulfonito de sódio, carboximetilcelulose de sódio, hidroxilpropilcelulose com pireno | Água | 0.6-2 | - |
| O pireno contém hidroxilpropilcelulose | Água | - | - |
| Porfirina | Água | 0.02 | **Ωcm370** |
| Pílula | água | 1.5 | 3600 |

Foram investigadas e comunicadas dispersões estáveis de grafeno reduzido utilizando a funcionalização não covalente com polímeros terminados em amina em vários solventes orgânicos [99]. Esta foi uma das primeiras tentativas de funcionalizar o grafeno após a redução do óxido de grafeno a grafeno. Com base neste método, a redução do óxido de grafeno foi realizada pela primeira vez num meio aquoso utilizando uma mistura de amoníaco e hidrazina. Após a redução do óxido de grafeno, a mistura foi lavada e as placas de grafeno foram removidas. Para funcionalizar de forma não covalente as folhas de óxido de grafeno reduzido, os polímeros terminados em amina são dissolvidos em solventes orgânicos e, em seguida, a solução aquosa na qual o grafeno reduzido está disperso é adicionada à solução orgânica do polímero. Para a funcionalização não covalente, a fase aquosa e a solução orgânica foram sonicadas durante 5 dias para migrar a fase orgânica para a superfície do grafeno. O grafeno funcionalizado pode ser amplamente utilizado em muitos solventes orgânicos devido às suas boas propriedades eléctricas, bem como à sua dispersão e dispersão estável. Liu et al. relataram um método de modificação para o grafeno no que diz respeito à interação π-π entre os orbitais π do grafeno e a poli-isopropil acrilamida, que mostra a Figura 27 do esquema do grafeno funcionalizado utilizando este método [ 100].

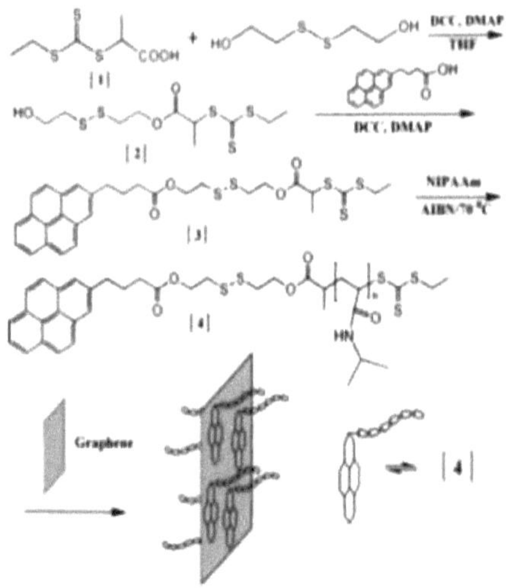
DCC, DMAP
THF
[1]
DCC, DMAP
[2]
NIPAAm
AIBN/70 °C
[3]
[4]
Graphene
[4]

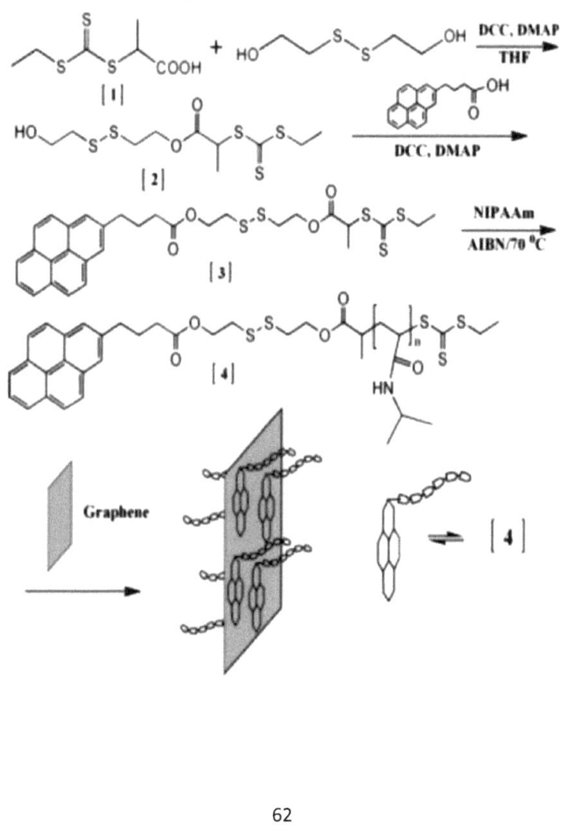
DCC, DMAP
THF
[1]
DCC, DMAP
[2]
NIPAAm
AIBN/70 °C
[3]
[4]
Graphene
[4]

Figura 27. Modificação do grafeno no que respeita à interação π-π entre os orbitais π do grafeno e a poli-isopropilacrilamida terminada em pireno [100].

Neste método, a acrilamida poli-isopropil terminada em pireno foi dissolvida em água e, em seguida, esta solução aquosa foi adicionada ao grafeno. O grafeno foi então disperso em água por sonicação num banho de água e gelo .O grafeno funcionalizado à base de moléculas grandes com poli (2, 5-bis (3-sulfona-topoproxi) -1, 4-etinilfenileno-alternativo-1, 4-etinilpropil) ou PPESO3, por exemplo, foi preparado com êxito por Yang et al. [101] A Figura 28 mostra um esquema da preparação deste grafeno modificado.

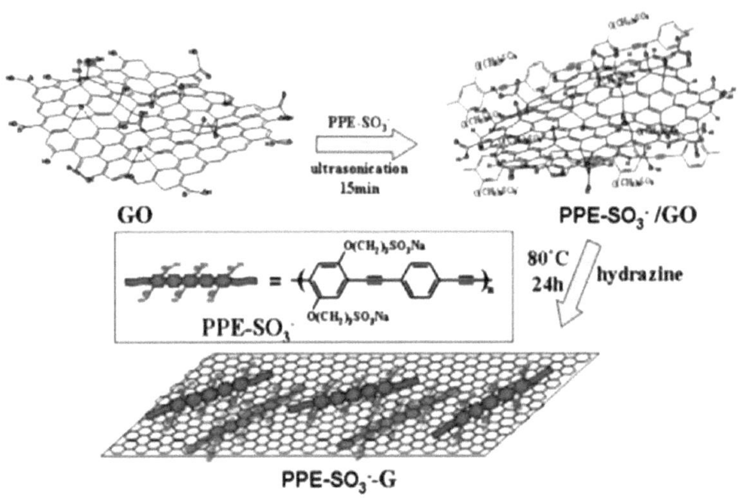


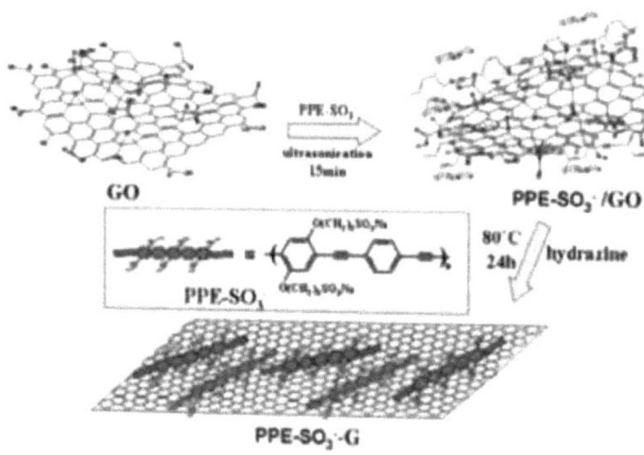

Figura 28. Esquema da modificação do grafeno com PPESO3- [101].

É de notar que o grafeno obtido tem uma condutividade eléctrica muito elevada, bem como uma excelente dispersão (mesmo durante 8 meses sem utilizar qualquer polímero livre em solução). Além disso, o impacto negativo na superfície do grafeno funcionalizado no método acima descrito leva à utilização destas placas em aplicações e dispositivos electrónicos.

### 2.7.3. Estabilização em meio iónico

A utilização de moléculas estabilizadoras externas reduz consideravelmente a condutividade eléctrica do grafeno funcionalizado. Por conseguinte, para obter grafeno sem qualquer prejuízo para as suas propriedades eléctricas, foi introduzida a redução do óxido de grafeno num meio iónico. Park et al. relataram uma forma simples de preparar uma suspensão aquosa homogénea de grafeno obtido por métodos químicos com propriedades de condutividade eléctrica adequadas [102]. Neste método, o óxido de grafeno é primeiro disperso em água e depois é adicionada uma solução de hidróxido de potássio (KOH). Este processo está resumido na Figura 29.

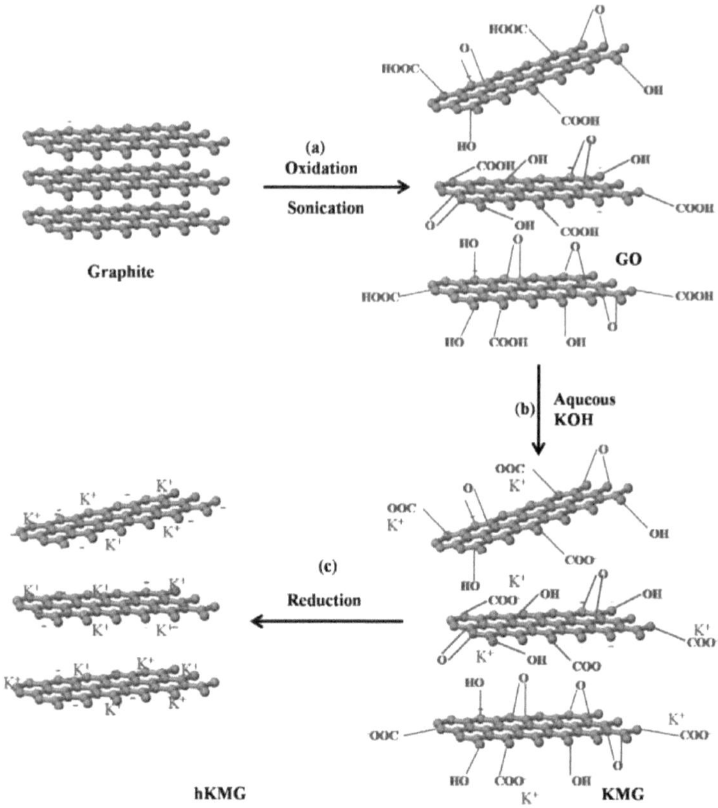
Graphite
(a)
Oxidation
Sonication
GO
(b)
Aqueous
KOH
KMG
(c)
Reduction
hKMG

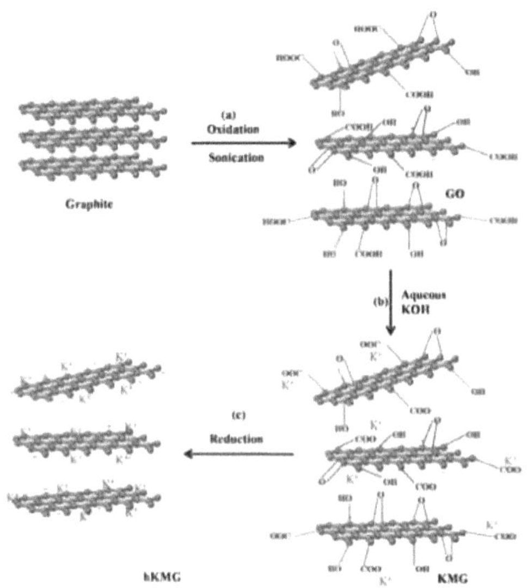


Figura 29. Estabilização do grafeno com iões K+ (A) oxidação da grafite, (b) dispersão do óxido de grafeno em solução iónica de hidróxido de potássio e (c) redução do grafeno estabilizado [84].

De acordo com Park, o hidróxido de potássio (com uma base forte) pode criar uma grande carga negativa ao reagir com ácidos hidroxilo, epóxi e carboxílico na superfície do grafeno. Como resultado, uma vasta gama de folhas carregadas negativamente e iões K+ rodeiam a superfície do óxido de grafeno. A adição de hidrazina mono-hidratada ao óxido de grafeno modificado com hidróxido de potássio também cria uma suspensão homogénea na qual as placas de óxido de grafeno podem permanecer estáveis durante pelo menos 4 meses. Lee et al. também desenvolveram recentemente um coloide de grafeno azul estável através da estabilização eletrostática de placas de grafeno. [103] Neste método, o óxido de grafeno disperso em água foi primeiro reduzido com uma quantidade adicional de hidrazina mono-hidratada (o rácio de peso da hidrazina para o óxido de grafeno foi de 7 a 10). O excesso de hidrazina foi removido por diálise com uma solução de amoníaco a 0,5% após a redução. Esta investigação conduziu ao desenvolvimento de um método simples para a produção industrial de grafeno dispersível em soluções aquosas sem a necessidade de estabilizadores de superfície ou de polímeros.

### 2.7.4. Diretamente a partir da grafite

As vias químicas para a produção de grafeno apresentam vantagens significativas e relativamente numerosas em relação a outros métodos, como o método de macroondas ou a síntese de grafeno pelo método de deposição de vapor químico [30,104]. No entanto, os níveis de grafeno são reduzidos pelos métodos químicos em comparação com o método de deposição química de vapor ou a dispersão mecânica pirolítica de grafite altamente dispersa. Por conseguinte, foram feitas muitas tentativas para sintetizar o grafeno diretamente a partir da grafite. Para o conseguir, foram feitos muitos esforços para produzir grafeno funcionalizado diretamente a partir da grafite e utilizando modificadores orgânicos. Estes métodos evitam defeitos na superfície do grafeno durante a etapa de oxidação. Os tipos de modificadores orgânicos para a produção de grafeno funcionalizado, bem como a sua dispersão e condutividade eléctrica, são apresentados na Tabela 5.

Tabela 5. Métodos de produção de grafeno funcionalizado diretamente a partir de grafite [84].

| Método de correção | Agente de correção | Solucionadores com dispersão estável | Taxa de dispersão (mg/ml) | Propriedades eléctricas (s/m) |
|---|---|---|---|---|

| | | | | |
|---|---|---|---|---|
| Sono químico | 7, 7, 8, 8 - Quinodiamato de tetraciano | Dimetilformamida, dimetilsulfóxido | - | - |
| | SDBS | Água | 0.05 | 35-1500 |
| | Colite de sódio | água | 0.3 | 7000-17500 |
| | Ácido pireno-carboxílico | Água | - | - |
| | Peróxido de benzoílo | Água | 2.1 | 212 |
| | Estireno | Tolueno, dimetilformamida, tetrahidrofurano, clorofórmio | 2 | - |
| eletroquímico | | Soluções iónicas | 1 | 212Ω (resistência) |

**2 .8. Nanocompósitos de grafeno / polímero e respetivo método de produção**

O desenvolvimento da dispersão de nanopartículas de grafeno em matrizes poliméricas criou um novo e interessante espaço na ciência dos materiais nos últimos anos. Estas nanopartículas híbridas revelaram melhorias significativas em várias propriedades dos compósitos poliméricos que não são possíveis utilizando polímeros ou compósitos em bruto. Esta melhoria das propriedades depende em grande medida da forma como estas nanopartículas estão dispersas na matriz polimérica. O ponto forte mais importante da utilização destas nanopartículas na matriz polimérica é o facto de melhorarem as propriedades significativas dos nanocompósitos com uma carga reduzida destas nanopartículas [89,106]. São utilizados diferentes tipos de nanopartículas de grafite, tais como grafite expandida e grafite preenchida, para melhorar as propriedades físicas e mecânicas ou outras propriedades necessárias.

O mecanismo de interação dos nanocompósitos polímero/grafeno (fusão e afinidade entre o polímero e as nanopartículas, interação eletrostática, etc.) depende da polaridade, do peso molecular, da hidrofobicidade com a hidrofobicidade, dos grupos funcionais reactivos, etc. O polímero, o solvente e o grafeno com grupos têm factores diferentes [107]. Existem três estratégias principais para a produção de nanocompósitos que serão brevemente analisadas:

### 2.8.1. Polimerização pontual interactiva

Neste método, o grafeno ou o grafeno modificado é primeiro colocado num monómero líquido e é-lhe dado tempo para inchar. Em seguida, é utilizado um iniciador adequado para efetuar a polimerização e iniciar o processo de polimerização. Este iniciador pode ser um produto químico, luz, calor ou radiação [108-109]. Muitos nanocompósitos poliméricos, tais como nanocompósitos de poliestireno/grafeno [110], polimetilmetacrilato/grafite expandida [49], etc., foram preparados e produzidos desta forma.

### 2.8.2. Interação com o solvente

O método de interação com solventes é utilizado para sistemas solventes em que o polímero ou pré-polímero é dissolvido no solvente [89]. Neste método, após a obtenção da solução de polímero, o grafeno ou o grafeno modificado é adicionado à solução desejada e é-lhe dado tempo para inchar dentro da solução. Devido às forças fracas entre as camadas, o grafeno ou o grafeno modificado pode ser facilmente disperso em solventes adequados, tais como água, acetona, clorofórmio, tetra-hidrofurano, dimetilformamidas ou tolueno. Após a dilatação do grafeno ou do grafeno modificado na solução polimérica, o polímero é adsorvido nas placas de nanopartículas e, quando o solvente se evapora, forma-se um nanocompósito polimérico [111]. Esta estratégia pode ser utilizada para sintetizar nanocompósitos, incluindo nanocompósitos à base de epóxi; no entanto, a remoção do solvente é uma questão crítica. Especialmente porque a maioria dos solventes são tóxicos e, para além de serem tóxicos, implicam custos adicionais. A força motriz para o polímero interagir com o solvente é obter uma certa quantidade de entropia repelindo as moléculas de solvente para compensar a entropia reduzida das cadeias de polímero em conformidade com o solvente. Assim, um número relativamente grande de moléculas de solvente deve ser removido do material de enchimento para que as cadeias de polímero possam entrar no material de enchimento e interagir com a sua superfície. A principal vantagem deste método é que a síntese de nanocompósitos interactivos pode ser baseada em polímeros com baixa ou mesmo nenhuma polaridade. Nanocompósitos poliméricos, incluindo nanocompósitos de polietileno com anidrido maleico/grafite [112] e álcool polivinílico/grafeno [113], foram preparados e produzidos por este método.

### 2.8.3. Método interativo de fusão

O método de interação por fusão não utiliza solventes. Neste método, a grafite, o grafeno ou o grafeno modificado é misturado com uma matriz polimérica no estado fundido. Os polímeros termoplásticos são misturados mecanicamente com a grafite, o grafeno ou o grafeno modificado a altas temperaturas, e são utilizados métodos convencionais, como a extrusão ou a injeção, para formar a amostra [52], [114]. As nanopartículas dispersam-se então entre as cadeias poliméricas e interagem para formar o nanocompósito final. Este método é um método comum para a preparação de nanocompósitos termoplásticos. Os polímeros que não são adequados para adsorção na polimerização in situ podem ser processados utilizando este método para formar nanocompósitos. Foi produzida uma vasta gama de nanocompósitos, incluindo polipropileno/grafite expandida [52], [115], polietileno pesado/grafite expandida [116], poliamida 6/grafite expandida [117] e muitos outros nanocompósitos utilizando este método.

# 3. trabalhos práticos

Nesta secção, são apresentados os materiais e equipamentos utilizados, os métodos de amostragem e os ensaios realizados.

## 3.1. Materiais

Os materiais utilizados neste projeto são quitosano, grafeno, trietileno tetramina, polietilenoglicol, formaldeído, acetato de etilo, ácido sulfúrico, ácido nítrico, soda cáustica, nitrato de cádmio, cloreto de tionilo, sódio, urânio molecular, tetrahidramina, tetrahidramina, tetrahidramina e a água foi destilada duas vezes, cada uma das quais será explicada a seguir.

### 3.1.1. Quitosano

O quitosano com peso molecular médio e uma percentagem de desacetilação de 75-75% foi adquirido à Sigma Aldrich, Alemanha.

### 3.1.2. Grafeno

O grafeno utilizado neste projeto foi adquirido como c-750 com um diâmetro médio de 2 e uma espessura de 4 nm e uma superfície especial da XG Science USA.

### 3.1.3. Tetramina de trietileno

Foi adquirida a trietileno tetramina utilizada pela empresa alemã Merck. As suas propriedades químicas são as seguintes. A sua fórmula química é $C_6H_{18}N_4$, a sua densidade é de 30,98 g/cm$^3$ e o seu ponto de ebulição situa-se na gama de 270-300 °C.

### 3.1.4. Polietilenoglicol

O polietilenoglicol foi adquirido à empresa alemã Merck. A sua massa molecular é de 190-110 gr / mol e tem a fórmula química HO $(C_2H_4O)$ nH.

### 3.1.5. Formaldeído

O formaldeído solúvel em água a 37%foi adquirido à empresa alemã Merck. As suas propriedades químicas são as seguintes. A sua fórmula química é $CH_2O$, a densidade desta substância é 31,09 g / cm e o seu ponto de ebulição situa-se na gama de C° 93 - C° 96.

### 3.1.6. Acetato de etilo

Foi adquirido acetato de etilo utilizado pela empresa alemã Merck. As suas propriedades químicas são as seguintes. A sua fórmula química é C4H8O2, o seu peso molecular é 88,11 gr / mol, a sua densidade é 30,90 g / cm e o seu ponto de ebulição é 77.

### 3.1.7. Ácido sulfúrico

O ácido sulfúrico foi adquirido à empresa alemã Merck. As suas propriedades químicas são as seguintes. A sua fórmula química é H2SO4, o seu peso molecular é 98,07 gr / mol, a sua densidade é 1,384 g / cm e o seu ponto de ebulição é 337.

### 3.1.8. Ácido nítrico

Foi adquirido o ácido nítrico utilizado pela empresa alemã Merck. As suas propriedades químicas são as seguintes. A sua fórmula química é HNO3, o seu peso molecular é 63,01 gr / mol, a sua densidade é 1,51 g / cm3 e o seu ponto de ebulição é 83.

### 3.1.9. Lucro da queima

O lucro ardente foi comprado à empresa alemã Merck. As suas propriedades químicas são as seguintes. A sua fórmula química é NaoH, o seu peso molecular é 40,00 gr/mol e tem uma densidade de 2,13 gr/mol.

### 3.1.10. Sal de nitrato de cádmio

Foi adquirido o sal de nitrato de cádmio utilizado pela empresa alemã Sigma Aldrich. As suas propriedades químicas são as seguintes. Tem uma fórmula química e uma massa molecular de 308,48 gr / mol.

### 3.1.11. Cloreto de tunilo

O cloreto de tionilo utilizado pela Merck foi adquirido. As propriedades químicas deste material são as seguintes. A sua fórmula química é SOCL2, o seu peso molecular é 118,97 gr / mol, a sua densidade é 1,364 g / cm e o seu ponto de ebulição é 76.

### 3.1.12. Tetra-hidrofurano

Adquiriu-se o tetrahidrofurano utilizado pela empresa alemã Merck. As propriedades químicas deste material são as seguintes. A sua fórmula química é C4H8O, o seu peso molecular é 72,11 gr / mol, a sua densidade é 30,89 g / cm e o seu ponto de ebulição é 66-65.

### 3.1.13. Dimetilformamida

Foi adquirida a dimetilformamida utilizada pela empresa alemã Merck. As suas propriedades químicas são as seguintes. A sua fórmula química é C3H7NO, o seu peso molecular é 73,09 gr/mol, a sua densidade é 0,3948 g/cm e o seu ponto de ebulição situa-se no intervalo 152-154.

### 3.1.14. Benzofenona

Foi adquirida a benzofenona utilizada pela empresa alemã Merck. As propriedades químicas deste material são as seguintes. A sua fórmula química é C13H10O, o seu peso molecular é 222,182 gr / mol, a sua densidade é 1,11 g / cm3 e o seu ponto de ebulição é 305.

## 3.2. Equipamento

### 3.2.1. Refluxo

É um método de destilação industrial e laboratorial em que os vapores que saem da extremidade da torre de destilação são devolvidos à torre de destilação após arrefecimento no refrigerante. Este dispositivo foi utilizado para modificar o grafeno e fabricar nanocompósitos.

### 3.2.2. Filtração sob vácuo

Este dispositivo é utilizado para lavar a fase nano após a operação de óxido e também após a funcionalização do nanografeno. A função deste dispositivo consiste em colocar filtros de policarbonato ou de teflon no dispositivo, consoante a aplicação, e depois ligar este dispositivo à bomba de vácuo para separar a fase sólida da fase líquida.

### 3.2.3. Agitador vibratório

Este dispositivo é utilizado para agitar e mover os grãos para a solução iónica. Os tubos de ensaio são colocados no dispositivo e este começa a agitá-los. A velocidade de agitação das amostras varia de 100 rpm a 2000 rpm, consoante as necessidades.

### 3.2.4. medidor de pH

Para estudar cuidadosamente e obter o pH das soluções iónicas, foi utilizado um medidor de pH fabricado pela empresa toledo miller. O aparelho foi sempre calibrado a pH 7 e a pH 4 com soluções tampão antes do ensaio.

### 3.3. Amostragem

Neste projeto, foi utilizado nanografeno modificado com esferas de quitosano como nanocompósito para adsorção de iões de metais pesados e também esferas de quitosano puro como amostra de controlo para absorção de iões de metais pesados. Foi investigada a composição percentual dos nanocompósitos em 0,5% do peso, 1% do peso, 2% do peso e 5% do peso.

#### 3.3.1. Óxido de grafeno

O objetivo do óxido de grafeno é colocar grupos funcionais oxigenados, como os grupos carboxilo, carbonilo e hidroxilo, na superfície do nanografeno. Para obter este importante óxido de grafeno, foi utilizada uma mistura de ácido sulfúrico e ácido nítrico. Inicialmente, 0,3 g de grafeno foi colocado num forno de vácuo durante 24 horas a 80°C. O nanografeno foi então colocado em 70 ml de solução M8 de ácido sulfúrico a 98% e ácido nítrico a 65% para oxidação e ultra-sons a 37 kHz e w60 para oxidação. A mistura foi então retirada do banho de ultra-sons e deixada 30 horas à temperatura ambiente. A mistura foi então lavada utilizando uma centrífuga para levar o pH da mistura para cerca de 4. A filtração em vácuo foi então utilizada para a lavagem devido à eficiência reduzida da centrífuga. A amostra foi lavada com grandes quantidades de água duplamente destilada por um filtro de policarbonato de 0,45 μm para atingir um pH de aproximadamente 7. A amostra foi então colocada em vácuo a 80 ° C durante 24 h para ser completamente seca.

### 3.3.2. Nanoacilação do grafeno

A operação de acilação é utilizada para depositar grupos funcionais azotados na superfície do grafeno após o óxido. Com efeito, os grupos azotados não têm a capacidade de reagir covalentemente com os grupos funcionais oxigenados. Por este motivo, a acilação tem lugar de modo a que o cloro reaja com os grupos funcionais oxigenados. Após a correção por ácido e a colocação de grupos funcionais oxigenados, incluindo carboxílicos, hidroxílicos e carbonílicos na superfície do grafeno, procedeu-se à reação de acilação. Assim, para 0,2 g de grafeno oxidado, foram utilizados 45 cc de cloreto de tionilo e 5 cc de dimetilformamida seca para a reação de acilação (a proporção de cloreto de tionilo seco para dimetilformamida seca foi de 1:20). O tempo necessário para a reação de acilação foi de 120 min. A reação de refluxo foi realizada a 60 Cوe atmosfera de azoto (2-3). O precipitado preto foi seco imediatamente após o tempo de reação com uma quantidade suficiente de tetra-hidrofurano e lavado com um filtro de Teflon de 0,45 μ e colocado em vácuo a 8 ° C durante 8 horas para secar completamente.

### 3.3.3. Funcionamento do nanografeno

A trietileno tetramina foi utilizada para funcionalizar o nanografeno com grupos contendo azoto. A razão para utilizar esta amina é a sua total compatibilidade com a água em todas as percentagens e também o facto de ter 4 grupos funcionais azotados na sua estrutura química, o que aumenta a absorção de iões de metais pesados. A funcionalização foi efectuada adicionando 0,2 g deste grafeno clorado a 30 ml de trietileno tetramina e 3 ml de tetrahidrofurano seco após acilação e secagem do grafeno clorado. A mistura é então submetida a 95 ° C durante 24 horas para completar a operação de funcionalização. Após 24 misturas, o óleo é retirado do banho e dado 30 minutos para atingir a temperatura ambiente. A mistura é então lavada por um filtro de Teflon de 0,45 µm com uma mistura de água e etanol, uma a uma, para remover o excesso de aminas não reagidas do sistema. Em seguida, foi aspirado a 40 ° C para secar completamente.

### 3.3.4. Sementes de quitosano

Foi utilizado o seguinte método para produzir sementes de quitosano:

Em primeiro lugar, verteu-se 1 g de quitosano em 50 ml de uma solução de ácido acético a 1% em volume e administrou-se 4 vezes para que o quitosano se dissolvesse completamente na solução. Em seguida, adicionou-se 1 g de polietilenoglicol com uma massa molecular de 200 gr / mol, que se encontra sob a forma de resina. Em seguida, foram adicionados 2 ml de solução aquosa de formaldeído a 37% em volume e agitou-se durante 2 minutos. A solução foi então reticulada e a sua viscosidade era muito elevada e vertida numa seringa de 50 ml. Paralelamente, prepararam-se 200 ml de solução de hidróxido de sódio 1 M e adicionou-se 1 ml de acetato de etilo, agitando-se vigorosamente durante 20 minutos para misturar bem. Em seguida, após a preparação de ambas as amostras, a solução de quitosano reticulado foi vertida gota a gota na solução de hidróxido de sódio para formar grânulos de quitosano. A solução de hidróxido de sódio foi deixada em repouso para endurecer. Depois disso, as sementes foram lavadas 5 vezes com água bidestilada para que não houvesse excesso de material no interior das sementes.

### 3.3.5. Nanocompósito de grãos de quitosano

Para preparar nanocompósitos de grãos de quitosano com 0,5% em peso, 1% em peso, 2% em peso e 5% em peso, foi efectuado o seguinte procedimento:

Uma quantidade calculada de nano-fase funcionalizada foi adicionada a gr1 da solução de quitosano. A solução foi então submetida a uma agitação magnética intensa durante 3 dias para dispersar bem a nanofase na matriz polimérica. De seguida, tal como na produção de grãos puros, adicionou-se polietilenoglicol e formaldeído para tornar o nanocompósito de grãos reticulado. O nanocompósito em solução foi então vertido para uma seringa de 50 ml e, tal como anteriormente, foi adicionado gota a gota à solução de soda cáustica com acetato de etilo para formar um nanocompósito granular.

### 3.3.6. Secagem das sementes

Utilizou-se um dispositivo de arrefecimento a seco para secar os grãos. Os grãos foram separados da água destilada duas vezes com papel de filtro e colocados num vidro de relógio. As amostras foram então colocadas num refrigerador seco durante 48 horas para extrair a água dos grãos sob vácuo e as amostras ficaram completamente secas. Após 48 horas, os grãos foram retirados da máquina e colocados num recipiente selado com um amortecedor para serem utilizados em experiências posteriores.

### 3.3.7. Método de preparação da solução de ião cádmio

Foi utilizada uma solução-mãe com uma concentração de 1000 para fazer soluções de iões de cádmio com diferentes concentrações. Para preparar a solução-mãe, a quantidade calculada de sal de nitrato de cádmio foi dissolvida em L1 de solução de ácido nítrico M0,5.

### 3.3.8. Método de secagem da formamida dimetílica

Uma vez que a utilização de solventes secos é fundamental para a reação de correção, a secagem da dimetilformamida estava na ordem do dia. A quantidade de 0,5-1 g de hidreto, que é um desumidificador de solventes, é pesada e triturada; em seguida, foi vertida num balão de 500 ml e foram adicionados 400 ml de dimetilformamida. Por outro lado, colocou-se um pouco de algodão numa interface de aumento-diminuição e verteu-se sobre ele um pouco de cloreto de cálcio, cobrindo-o novamente com algodão (como protetor). O cloreto de cálcio absorve a humidade presente no ar. Esta interface crescente-decrescente, designada por tubo de secagem, é colocada no balão e, em seguida, a mistura é agitada durante a noite com a ajuda de um agitador magnético para misturar bem o hidreto de cálcio com o solvente e absorver a humidade do solvente. Este processo é efectuado à temperatura ambiente e o sistema utilizado é apresentado na Figura 30. Como resultado da reação, é produzido hidrogénio gasoso que é removido do sistema através da interface.

Após 24 h, a agitação foi interrompida e o balão contendo a solução foi colocado num banho de óleo que estava a ser aquecido. O conjunto de destilação foi montado num balão utilizando um refrigerante simples e a temperatura foi aumentada para 130 ° C (a temperatura de ebulição da dimetilformamida é de 153 ° C). O sistema é ligado a um vácuo para aplicar um vácuo para criar sucção e assim acelerar o movimento do vapor para o segundo balão. Além disso, a criação de vácuo reduz a pressão e, como resultado, o ponto de ebulição da dimetilformamida é reduzido e a reação é mais fácil de obter. Por outro lado, o segundo balão é colocado no interior do recipiente de gelo para que a diferença de temperatura facilite a deslocação das gotículas condensadas para o balão. A rotação do agente magnético também evita que o solvente salte subitamente para o balão.

Figura 30. Sistema de secagem de dimetilformamida .

### 3.3.9. Método de secagem do tetra-hidrofurano

Adiciona-se um pouco de sódio a 1 litro de tetrahidrofurano e deita-se num balão. Coloca-se o coletor no balão e depois o condensador no coletor enquanto a válvula do coletor está aberta. O balão está a aquecer e o THF está a ferver. O ponto de ebulição do tetrahidrofurano é $54^0$C. O vapor resultante entra no coletor a partir do interior do balão e depois condensa. A condensação ocorre no condensador e retorna ao balão . O reagente de benzofenona foi adicionado várias vezes, indicando que o THF tinha secado de cada vez que se tornava azul escuro ou azul. Neste momento, a válvula do coletor é fechada e os vapores de THF entram no condensador pelo tubo lateral do coletor, condensam-se e acumulam-se no interior do coletor. Antes de recolher o THF seco no recipiente, cerca de 300 g de peneira molecular foram colocados na estufa à temperatura ambiente para serem activados. O crivo molecular ativado foi então colocado em 5 frascos de 250 ml e foi-lhe aplicado gás nitrogénio para evacuar o ar no interior do frasco. A razão para utilizar o crivo molecular é que, se o THF se desidratar devido à impossibilidade de criar um isolamento a 100%, estes crivos moleculares absorvem a humidade e impedem que o THF se molhe. Depois, abrindo a saída do coletor, o THF seco, que está pronto para consumo, foi vertido para recipientes. A forma de secar o tetra-hidrofurano é apresentada na Figura 31.

Figura 31. Sistema de secagem de tetra-hidrofurano .

### 3.4. Determinação das especificações

#### 3.4.1. Dispositivo de espetroscopia de infravermelhos com transformada de Fourier

A espetroscopia de infravermelhos por transformada de Fourier FTIR-Bruker EQUINOX 55 foi utilizada para identificar os grupos funcionais presentes na estrutura química. O método de amostragem para este dispositivo consiste em espalhar algumas nanopartículas na pastilha de KBr e, em seguida, colocar a pastilha no dispositivo e registar o espetro correspondente.

### 3.4.2. Análise termogravimétrica (TGA)

A análise gravimétrica térmica é utilizada para medir as alterações na massa da amostra em função da temperatura. A medição contínua da perda de peso devido à decomposição ou perda de água e do aumento de peso devido à absorção ou oxidação é efectuada utilizando este dispositivo. Por conseguinte, a TGA quantifica as alterações no peso do material.

As alterações de peso das amostras de carga e de nanocompósitos foram medidas utilizando o TGA do Polymer Laboratories, fabricado em Inglaterra (Figura 32). As amostras são colocadas em um forno a vácuo a 80 ° C por 24 h antes de serem colocadas no aparelho por 24 h. A razão para isso é desumidificar as amostras. As amostras foram aquecidas da temperatura ambiente para 600 C a uma velocidade de °C / min (5, 10, 20, 30).

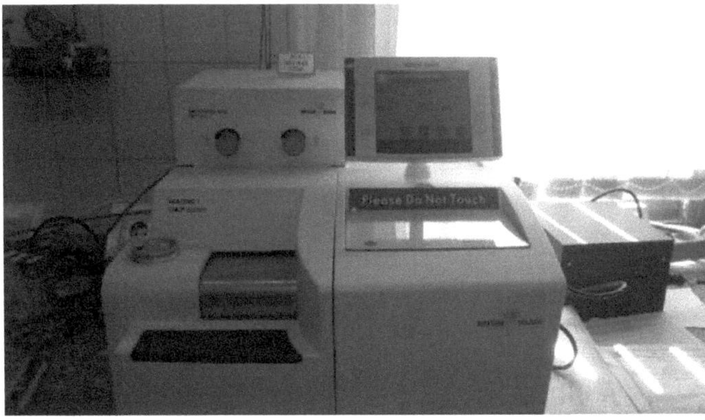


**Figura 32. Dispositivo TGA .**

### 3.4.3. Microscópio eletrónico de varrimento (SEM)

.Este método microscópico é utilizado para estudar a morfologia de misturas de polímeros e nanocompósitos. A ampliação deste aparelho pode variar numa vasta gama de 20 a 300.000 vezes. Neste projeto, foi utilizado o microscópio eletrónico de varrimento VEGA-II da Tescan (Figura 33). Para este efeito, as amostras são primeiro imersas em azoto líquido e quebradas durante 2 minutos. Em seguida, a sua superfície é coberta com uma fina camada de ouro com uma espessura de A 500-100 para haver condução eléctrica. As amostras são colocadas nos locais desejados do dispositivo e inicia-se a operação de varrimento eletrónico do dispositivo. Os electrões atingem a superfície da amostra e, após o retorno, é identificada uma imagem da amostra.

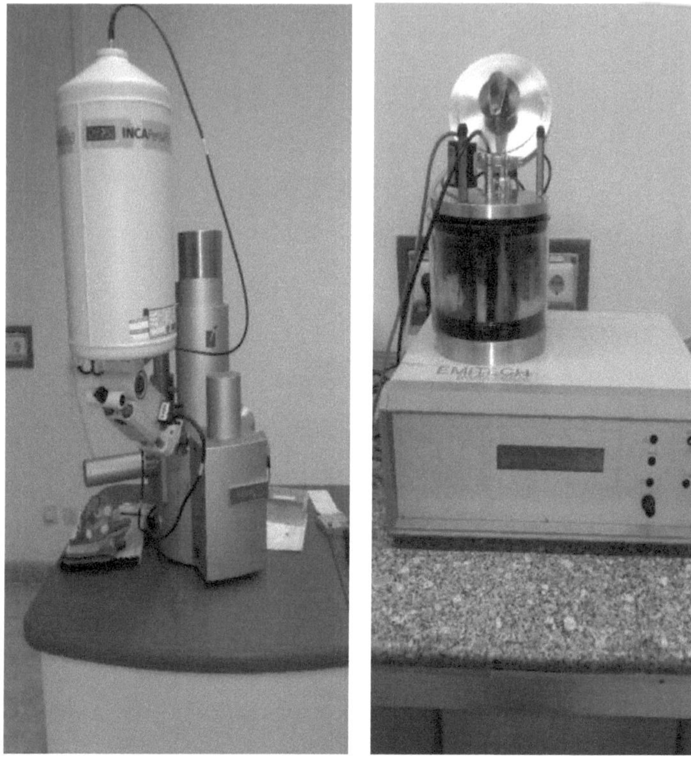


Figura 33. Microscópio eletrónico de varrimento e dispositivo de revestimento da superfície da amostra para proporcionar condutividade eléctrica.

É de referir que o modelo JFG1100 de pulverização iónica da Emitech foi utilizado para cobrir a superfície das amostras com ouro.

### 3.4.4. Sistema de análise elementar EDX

EDX significa Energy Dispersive X ray (raios X dispersivos em energia), por vezes designado por EDS ou EDX. Esta técnica é uma forma de determinar a composição elementar de uma amostra ou parte de uma amostra. O EDX não é utilizado isoladamente, mas é um sistema que acompanha o microscópio eletrónico de transmissão SEM e que, na realidade, faz parte deste microscópio. O resultado de uma análise EDX é o espetro EDX. O espetro EDX é apenas um gráfico desenhado com base na energia X recebida de cada nível de energia. Cada um dos picos mostrados neste diagrama é específico de um átomo e, portanto, representa apenas um elemento. Os picos mais altos no espetro significam concentrações mais elevadas do elemento na amostra. A figura 34 mostra um esquema do espetro de referência do ensaio EDX.

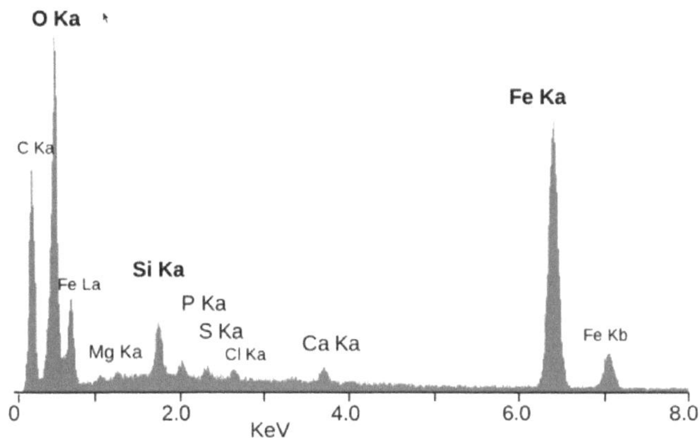


Figura 34. Espectro de referência do ensaio EDX .

### 3.4.5. Espectroscopia de absorção atómica com chama (FAAS)

A Espectroscopia de Absorção Atómica (FAAS) é um instrumento altamente versátil na química de decomposição. Os oligoelementos tóxicos presentes na água potável e alguns outros elementos comuns, como o cálcio e o sódio, bem como quantidades muito pequenas de concentrações de metais, são testados por este espetrómetro. O dispositivo necessário para as medições de absorção atómica é constituído por vários componentes. Estes componentes incluem a fonte de radiação primária, um dispositivo para pulverizar a solução na chama e gerar vapor atómico, um detetor e um dispositivo de leitura de dados .A imagem do dispositivo é apresentada na Figura 35.

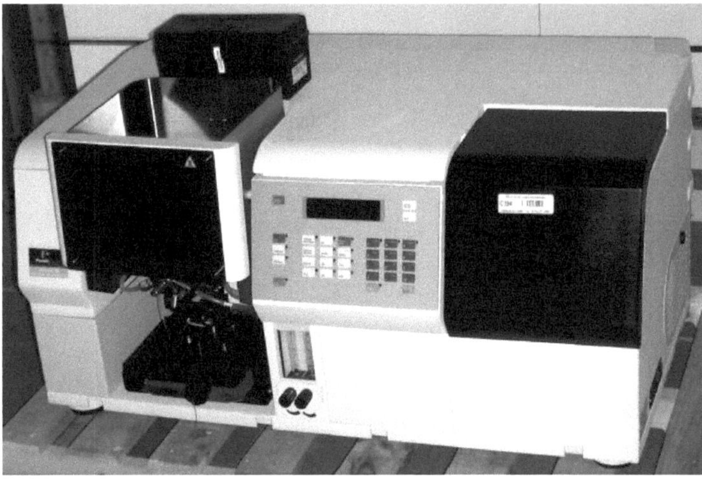

Figura 35. Aparelho de absorção atómica Perkin-Elmer Aanalyst 100 .

# 4. Conclusão e debate

Neste capítulo, em primeiro lugar, são apresentados os resultados e discussões relacionados com as reacções de funcionalização do grafeno e, em seguida, são examinados os grãos de quitosano e os nanocompósitos de grafeno e quitosano e é investigada a sua aplicação na adsorção de iões de cádmio de soluções aquosas.

## 4 .1. Determinação das caraterísticas do grafeno funcionalizado

### 4 .1.1 Espectroscopia de transformada de Fourier no infravermelho

A observação dos picos de absorção ou de trânsito no espetro de FTIR, na perspetiva da presença ou ausência de grupos operantes, ajuda a identificar a substância. Naturalmente, deve notar-se que a identificação exacta da molécula ou a deteção explícita de todos os picos num espetro não é possível, e esta análise é utilizada como ponto de partida no processo de identificação.

A Figura 36 mostra o espetro FTIR do grafeno puro, do grafeno oxidado e do grafeno funcionalizado com trietileno tetramina (grafeno com grupos azotados). Como se pode ver na Figura 36, o espetro do grafeno puro não apresenta um pico de índice e tem muitos picos finos e aglomerados devido à absorção de humidade do ambiente, bem como às impurezas do grafeno durante a produção. No espetro do grafeno modificado com ácido, observam-se dois picos de índice a 3424 e 1710, que estão relacionados com a vibração e a tensão dos grupos OH e dos grupos C = O, respetivamente, devido à formação de grupos hidroxilo e carboxilo no grafeno, indicando que o óxido foi capaz de criar grupos funcionais oxigenados na placa de grafeno.

Após a reação de acilação e a colocação de grupos cloro nas placas de grafeno, são imediatamente adicionados grupos funcionais amina, que substituem os grupos cloro formados na superfície do grafeno. Como mostra a Figura 36, dois novos picos são observados no grafeno funcionalizado com grupos amina. O primeiro pico é observado em 1572, que está relacionado com a tração dos grupos N-H na placa. Existe ainda um outro pico em 800 que está relacionado com o estiramento dos grupos funcionais NH2 para fora da tela [118] .A observação dos picos mencionados em 1-4 comprova o sucesso da reação de óxido e a funcionalização do grafeno com grupos funcionais amina.9.

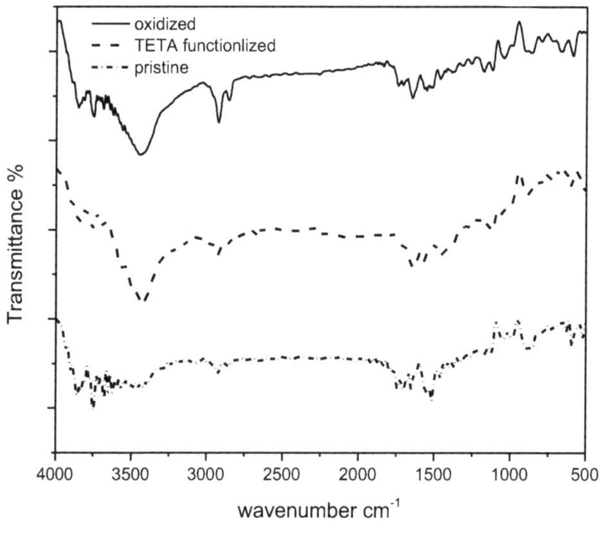


Figura 36. Transformada de Fourier do espetro de infravermelhos das amostras .

### 4.1.2. Análise gravimétrica térmica

Outro método de avaliação para verificar e assegurar a presença de grupos funcionais na superfície do grafeno é a análise gravimétrica térmica (TGA). Os dados demográficos do grafeno em bruto, do grafeno oxidado e do grafeno funcionalizado com trietilenotetramina são apresentados na Figura 37. Como se pode ver na Figura 37, a perda de peso ocorre em ambas as áreas para todos os espécimes. Um dos 50 a 100 que é fisicamente absorvido nas amostras devido à humidade, que é a mesma para todas as amostras. No caso do grafeno em bruto, a perda de peso é observada na gama de temperaturas entre 800 e 150, o que está relacionado com as impurezas do grafeno durante a produção. Em seguida, ao examinar o grafeno em bruto e o grafeno oxidado, é óbvio que o grafeno oxidado a partir de cerca de 800-150 tem uma perda de peso mais acentuada do que o grafeno em bruto. A razão para este facto é a formação de grupos funcionais oxigenados hidroxilo e carboxilo na superfície do grafeno, que são continuamente degradados pelo aumento da temperatura para 800 e separados da superfície do grafeno oxidado, resultando num peso maior do grafeno oxidado em comparação com o grafeno em bruto. Além disso, comparando o grafeno funcionalizado com o grafeno em bruto e o grafeno oxidado, é óbvio que o grafeno ativado com trietileno-tetramina tem uma elevada degradação na gama de temperaturas de 150-100, devido à degradação da trietileno-tetramina tomada na superfície do grafeno.

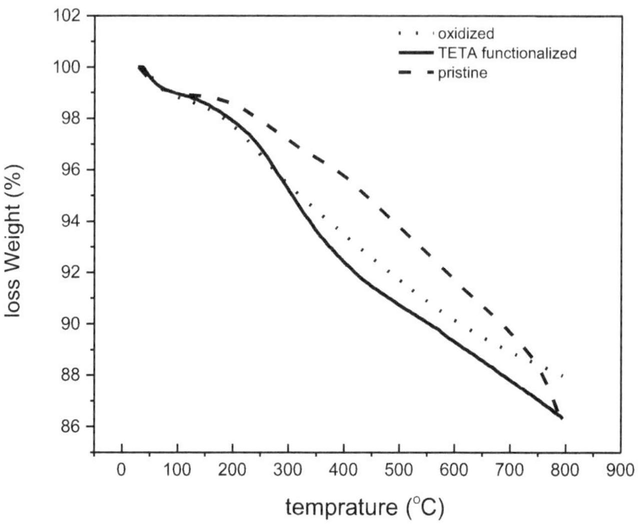


Figura 37. Dados demográficos das nanopartículas de grafeno puro, oxidado e funcionalizado .

### 4.1.3. Morfologia das nanopartículas utilizando o microscópio eletrónico de varrimento

A micrografia SEM do grafeno oxidado e do grafeno funcionalizado é apresentada na Figura 38. Como se pode ver na Figura 38, as folhas de grafeno em bruto estão agrupadas devido à ausência de grupos funcionais. Ao oxidar o grafeno devido à formação de grupos oxigenados na superfície, as placas de grafeno são completamente separadas umas das outras e tornam-se uma única placa. Além disso, as arestas vivas do grafeno oxidado indicam a formação de grupos de oxigénio na superfície do grafeno. No caso do grafeno funcionalizado com amina, no entanto, as placas de grafeno funcionalizado são ligeiramente arredondadas devido à redução de grupos funcionais oxigenados na superfície e borda do grafeno oxidado, e à deposição de grupos funcionais funcionalizados com nitrogénio na superfície do grafeno. Além disso, examinando a microscopia eletrónica de varrimento e comparando o tamanho das placas nos três casos, observa-se que a oxidação e a funcionalização das nanopartículas não têm grande efeito no tamanho das placas de grafeno.

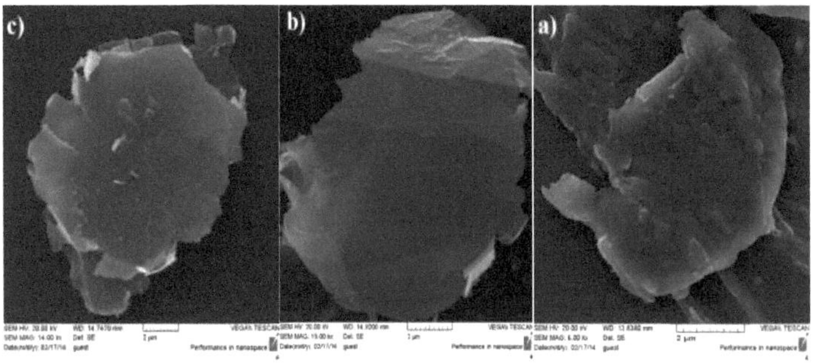


Figura 38. Microscopia eletrónica de varrimento de (a) nanopartículas de grafeno e (b) nanopartículas de grafeno oxidadas e (c) nanopartículas de grafeno funcionalizadas com trietileno tetramina .

Outra forma de estudar e identificar o óxido de grafeno e de o funcionalizar com grupos amino é utilizar a análise elementar EDX (microscópio eletrónico de varrimento). Nesta análise, é determinada a percentagem dos elementos carbono, hidrogénio, azoto e enxofre. Os resultados do teste são apresentados na Tabela 4. Como se pode observar, a quantidade de grupos de oxigénio após a correção com ácido aumentou significativamente, passando de 5,7% para 14,22%. A presença de oxigénio no grafeno não modificado está relacionada com as impurezas presentes e com a humidade fisicamente absorvida do ambiente. No entanto, o aumento do teor de oxigénio no grafeno modificado está relacionado com a formação de grupos contendo oxigénio. No caso do grafeno funcionalizado, enquanto que a quantidade de grupos de oxigénio diminuiu de 14,22% no grafeno oxidado para 7,05% no grafeno funcionalizado devido à redução do grafeno, uma grande quantidade de azoto de cerca de 32,67% assentou na superfície do grafeno. Esta elevada quantidade de azoto deve-se ao tipo de amina consumida pela trietileno tetramina, que tem 4 grupos amina e, consequentemente, contém uma grande percentagem de nanografeno funcionalizado. A Figura 39 mostra a distribuição dos elementos oxigénio e azoto, bem como a quantidade destes elementos em percentagem.

Tabela 4. Dados da análise elementar das amostras.

| Nome da amostra | Carbono | Oxigénio | Nitrogénio | Outros elementos |
|---|---|---|---|---|
| Grafeno em bruto | 88 | 5.7 | 0 | 6.3 |
| Grafeno oxidado | 80.78 | 14.22 | 0 | 5 |
| Grafeno ativado | 60.09 | 7.05 | 32.67 | 0.19 |

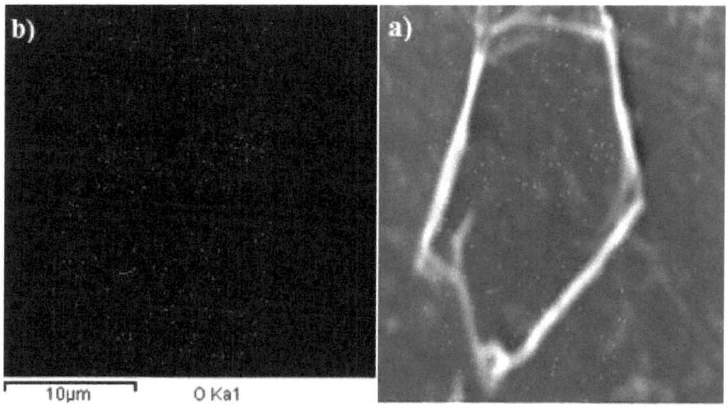

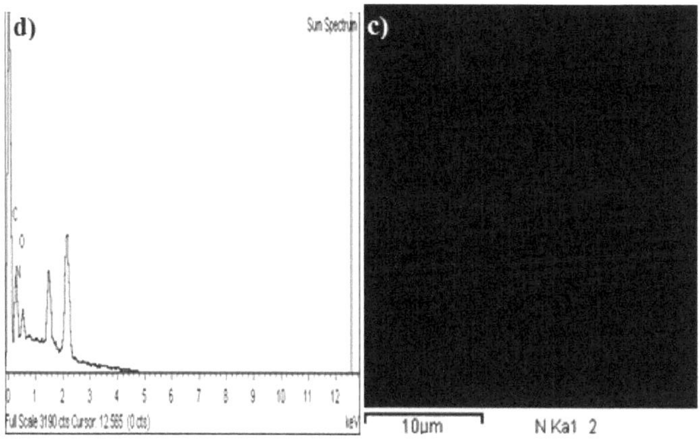


Figura 39. Imagens de EDX Microscopia eletrónica de varrimento de uma camada de grafeno funcionalizada com trietileno tetramina (a) distribuição dos grupos funcionais oxigenados (verde) e dos grupos funcionais azotados (vermelho) (b) distribuição dos grupos funcionais oxigenados (c) distribuição dos grupos funcionalizados azotados) d Gráfico que mostra a percentagem de grupos de carbono, oxigénio e azoto

### 4 .1.4. Investigação da porosidade dos nanocompósitos

Uma vez que a porosidade de adsorção tem um efeito importante na adsorção de iões de metais pesados, foi utilizada a microscopia eletrónica de varrimento para estudar a porosidade dos grãos dos nanocompósitos e a sua porosidade. Como se pode ver na microscopia eletrónica de varrimento nas Figuras 40 e 41 com diferentes ampliações, a porosidade dos grãos de quitosano diminui com o aumento da percentagem de grafeno funcionalizado. Esta diminuição da porosidade aumenta com o aumento da percentagem de peso das nanopartículas. Isto deve-se ao facto de as nanopartículas de grafeno funcionalizado serem colocadas no interior dos poros dos grãos de quitosano.

Além disso, a porosidade dos grãos de quitosano é uniformemente reduzida, o que indica a dispersão completa das nanopartículas de grafeno na matriz polimérica

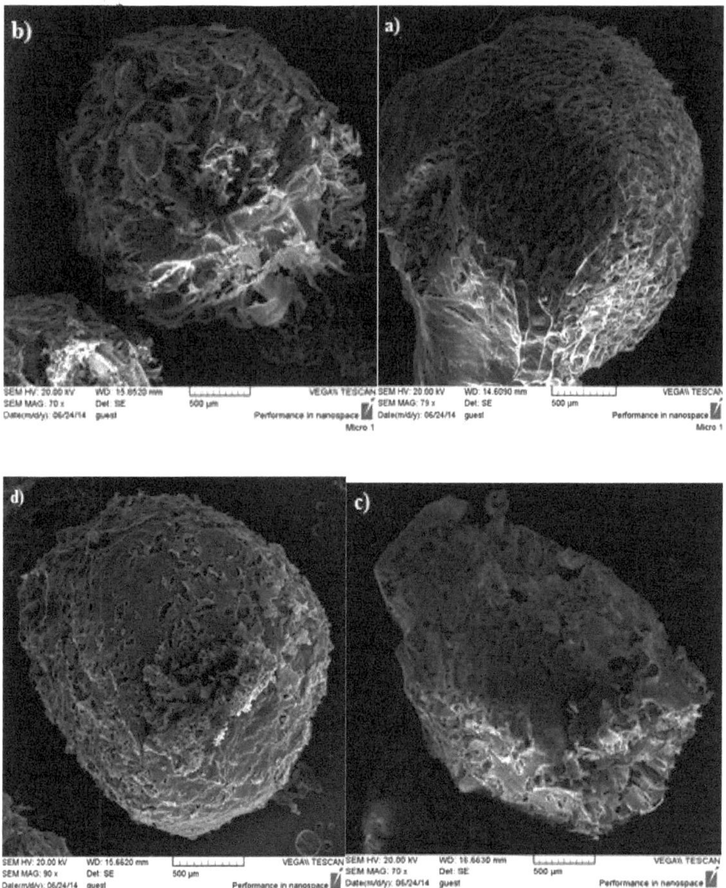

Figura 40. Microscopia eletrónica de varrimento do grão de quitosano com ampliação de 70x (a sem nanopartículas de grafeno funcionalizado, b contendo 1% em peso de grafeno funcionalizado, c contendo 2% em peso de grafeno funcionalizado e d contendo 5% em peso de grafeno funcionalizado Foi pendurado .

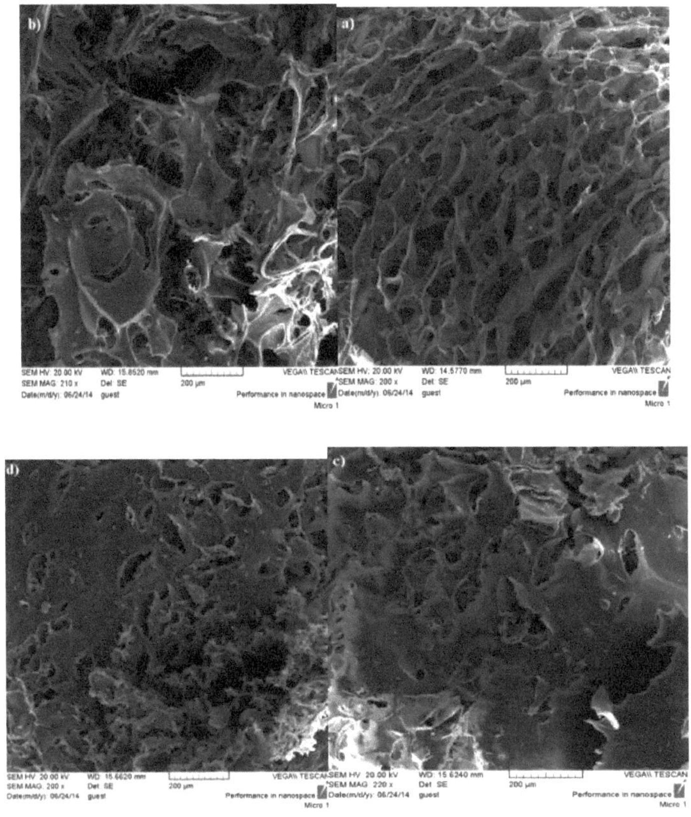

Figura 41. Microscópio eletrónico de varrimento de grãos de quitosano com ampliação de 200x (a sem nanopartículas de grafeno funcionalizado) b com 1% em peso de grafeno funcionalizado (c com 2% em peso de grafeno funcionalizado e d com 5% em peso de grafeno funcionalizado .

A porosidade dos grãos de quitosano como fase adsorvente desempenha um papel importante na absorção de água e, consequentemente, na absorção de iões de metais pesados. O método seguinte foi utilizado para avaliar o inchaço e a absorção de água dos nanocompósitos de quitosano e compará-los com os grânulos de quitosano puro:

Foram pesados g 0,1dos adsorventes secos com diferentes percentagens de grafeno funcionalizado e, em seguida, destilados duas vezes em água a um pH de 6, tendo sido dadas 24 horas para completar o processo de adsorção pelos adsorventes. As amostras foram então retiradas da água e pesadas novamente após a remoção do excesso de água com elas. Em seguida, através da fórmula (1), obteve-se a absorção e o inchamento das sementes de quitosana:

$$Percentage\ of\ swelling = \frac{W_s - W}{W} \times 100 \qquad (1)$$

Sendo que é igual ao peso dos grãos inchados em água, em gr, e W é igual ao peso dos grãos secos, em gr.

A quantidade de inchamento obtida a partir de amostras puras e nanocompósitos com diferentes percentagens de grafeno funcionalizado é apresentada na Tabela 5.

Tabela 5. Percentagem de inchamento de vários adsorventes em água duplamente destilada com pH 6.

| Taxa de inflação | Tipo de absorvente |
|---|---|
| 49 | Sementes de quitosano puro |

| | |
|---|---|
| 37 | Nanocompósito de 0,5% de quitosano |
| 32 | Nanocompósito de quitosano a 1% |
| 28 | Nanocompósito de 2% de quitosano |
| 21 | Nanocompósito de 5% de quitosano |

### 4.1.5. Adsorção do ião cádmio de soluções aquosas por nanocompósitos de hidrogéis de grafeno e quitosano funcionalizados

Para investigar a adsorção do ião cádmio a partir de soluções aquosas, foram realizadas experiências em 4 grupos diferentes consecutivos para obter a taxa de adsorção óptima e compará-la com a taxa de adsorção por grão em bruto. Estes 4 grupos são os seguintes:

1. Obtenção do absorvedor ótimo
2. Determinação do pH ótimo
3. Obtenção do tempo de chamada ótimo
4. Obtenção da concentração óptima do ião cádmio

### 4.1.5. Obtenção da quantidade ideal de adsorvente para absorver iões de cádmio

A fim de obter a quantidade ideal de adsorvente, foram adicionados 15 mg, 20 mg, 25 mg e 30 mg de adsorvente a 10 ml de solução de iões de cádmio com uma concentração de 50 ppm, respetivamente, e o pH da solução foi reduzido para 5 com uma solução de NaOH 0,1 M. As amostras foram então colocadas num agitador vibratório a 200rpm. Após uma hora, as amostras foram separadas da solução iónica por meio de um filtro e o teste de absorção atómica foi efectuado a partir das soluções iónicas. A quantidade de ião cádmio em cada uma das soluções foi obtida utilizando um espetrómetro de absorção atómica e, em seguida, a quantidade de adsorção de ião cádmio divalente em termos de mg com base em 1gr do adsorvente foi obtida utilizando a Equação (2):

$$Adsorpion\ capacity(q_e) = \frac{(C_0 - C_e)V}{M} \qquad (2)$$

Nesta equação, é igual à concentração da solução iónica inicial em termos de ppm antes do processo de adsorção e é igual à concentração da solução iónica em termos de ppm após o processo de adsorção. Além disso, V é igual ao volume de solução iónica de cada amostra em ml e W é igual à quantidade de adsorvente utilizada em termos de gr em cada amostra. É também igual à absorção de iões de cádmio em mg em termos de 1 g de adsorvente (quitosano e nanocompósito de quitosano).

Como se pode ver na Figura 42, a taxa de absorção do ião cádmio pelos grãos de quitosano puro situa-se entre 4-5 mg de ião cádmio por grama de adsorvente, devido à quantidade diferente de adsorvente. No entanto, ao adicionar diferentes percentagens de grafeno funcionalizado às sementes de quitosano, a quantidade de adsorção aumenta significativamente. A razão para o aumento da adsorção é que as nanopartículas de grafeno funcionalizadas com trietileno tetramina têm um grande número de sítios de amina activos na sua superfície. Ao aumentar estas nanopartículas para esferas de quitosano, os iões metálicos de cádmio são mais adsorvidos nestes locais activos. Assim, a taxa de absorção aumenta. A figura também mostra que, com o aumento da quantidade de adsorvente até 25 mg, a quantidade de adsorção aumenta com um grande declive e, em seguida, o declive do aumento da quantidade de adsorção diminui. Por conseguinte, a quantidade óptima de adsorvente é igual a 25 mg e os outros ensaios serão realizados com a mesma quantidade de adsorvente. Outro ponto digno de nota é que com o aumento da percentagem de grafeno funcionalizado em relação aos grãos de quitosana, a quantidade de absorção aumenta; mas a taxa de absorção não é muito significativa. A razão para isso é que, ao aumentar a porcentagem de nanografeno funcionalizado para grânulos de quitosana, a porosidade e a absorção de água desses grânulos diminuem. Por conseguinte, a penetração dos iões metálicos de cádmio nas esferas de quitosano é reduzida. Por este motivo, mesmo com um aumento significativo dos sítios activos das aminas, a absorção de iões metálicos de cádmio aumenta significativamente. A redução da porosidade dos grãos de quitosano pode ser demonstrada por fotografias de microscopia eletrónica de varrimento, bem como pelo teste de absorção de água e pela investigação do aumento do comportamento de dilatação dos grãos de quitosano em água

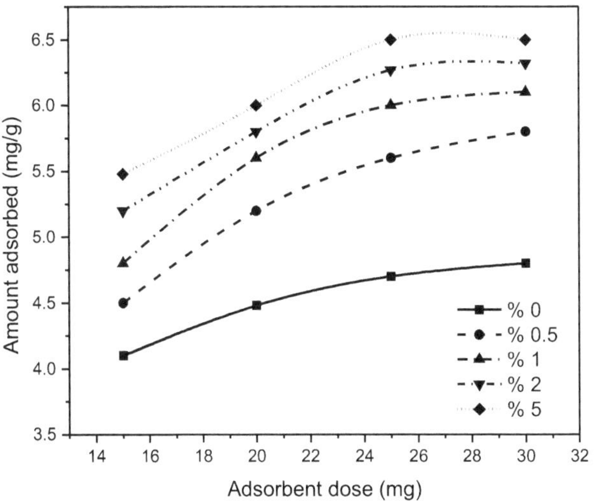


Figura 42. Alterações na taxa de adsorção do ião cádmio na presença de diferentes percentagens de nanopartículas funcionalizadas e obtenção da quantidade óptima de adsorvente a pH igual a 5 e duração de 1 hora e concentração 50ppm

#### 4.1.6. Obtenção do pH ótimo para a absorção dos iões de cádmio

Considerando que a quantidade óptima de adsorvente para a adsorção do ião metálico cádmio era igual a 25 mg, foram adicionados 25 mg de adsorventes com diferentes percentagens de grafeno funcionalizado a 10 ml de solução de ião cádmio com uma concentração de 50 ppm. Para elevar o pH da solução iónica (uma vez que o sal de cádmio se encontra dissolvido em ácido nítrico 0,5 M e o seu pH é de cerca de 2,5), adicionou-se à solução iónica, por titulação, uma solução de NaOH 0,1 M e determinou-se o pH da solução com um aparelho de pH M. As amostras foram então colocadas num agitador vibratório a 200 rpm durante uma hora para completar a reação de adsorção. A quantidade de ião cádmio remanescente na solução iónica foi então determinada por espetrometria de absorção atómica e a taxa de adsorção de cada um dos adsorventes a diferentes pHs foi obtida utilizando a equação. Como mostra a Figura 43, a pH 3, onde o pH é completamente ácido, a adsorção de iões de cádmio em todas as amostras é aproximadamente igual, e esta adsorção é igual à adsorção mínima em todos os pHs. O mecanismo de adsorção do ião cádmio é tal que os locais activos das aminas nos adsorventes têm uma carga negativa. A adsorção de iões de cádmio divalentes carregados positivamente ocorre através da interação eletrostática e do processo de quelação com sítios activos carregados negativamente na fase de adsorção. A quelação é o processo pelo qual um composto químico se combina com um ião metálico para o manter no lugar. Os materiais com estas propriedades são utilizados para adsorver iões de metais pesados. É de notar que a quelação se refere a um ligando que fornece mais electrões complexos ao metal central do complexo. Por conseguinte, à medida que o número de sítios activos carregados negativamente aumenta, a quantidade de absorção de iões de cádmio aumenta. Em pHs ácidos, o número de sítios activos em solução é extremamente elevado. Assim, é feita uma competição para reagir com os sítios activos das aminas entre e. Devido à elevada taxa, estes locais activos estabelecem uma interação eletrostática e os locais activos negativos das aminas são reduzidos. Como resultado, perde-se a sua capacidade de formar complexos com iões metálicos de cádmio. Por conseguinte, a absorção dos iões de cádmio é reduzida. Com o aumento do pH, a quantidade em solução diminui. Como resultado, os locais activos da amina reagem mais fortemente com os iões de cádmio metálico. Assim, a absorção dos iões de cádmio aumenta. Este aumento da taxa de adsorção continua até ao pH 7 e, como mostra a figura, a taxa de adsorção diminui ligeiramente. A razão para a diminuição da quantidade de adsorção com o aumento é que, com o aumento do pH, a quantidade em solução aumenta. A solução iónica no ião cádmio carregado positivamente estabelece uma interação eletrostática, em resultado da qual se perde a capacidade de estabelecer uma interação eletrostática e o processo de quelação do ião cádmio com os locais activos da amina carregados negativamente. Por conseguinte, o cádmio precipita como sal. Por conseguinte, a absorção de iões de cádmio diminui. Devido ao facto de a maior quantidade de adsorção ter ocorrido em todas as amostras a pH igual a 7, noutras experiências o pH das soluções é considerado igual a.

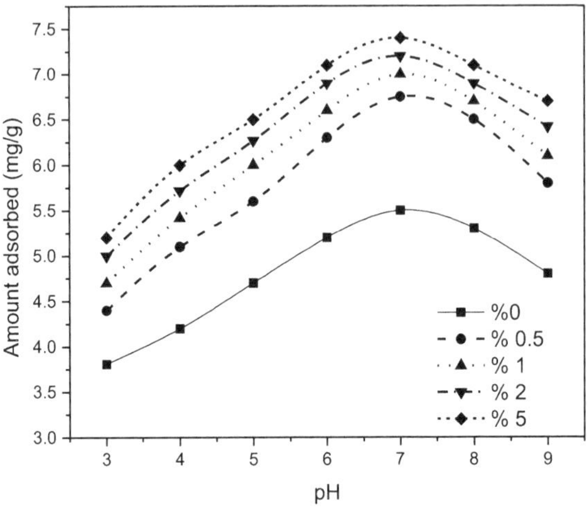


Figura 43. Gráfico das alterações na taxa de adsorção do ião cádmio por adsorventes com diferentes percentagens de grafeno funcionalizado a diferentes pHs com um adsorvente de 25 mg e uma duração de 1 h e uma concentração de 50 ppm.

### 4.1.7. Obtenção do tempo de contacto ideal para absorver os iões de cádmio

O método seguinte foi utilizado para obter o tempo de contacto ótimo para a adsorção do ião cádmio:

25 mg de adsorventes com diferentes percentagens de grafeno funcionalizado foram adicionados a 10 ml de solução de iões de cádmio com uma concentração de 50 ppm e um pH de 7. As amostras foram então colocadas num agitador vibratório a 200 rpm. A fim de obter o tempo de contacto ideal, as experiências foram realizadas em intervalos de tempo de 30 min, 60 min, 120 min e 240 min. Como mostra a Figura 44, a taxa de adsorção dos iões de cádmio aumenta geralmente com o aumento do tempo de contacto entre a fase adsorvente e os iões metálicos de cádmio. No entanto, este

aumento ocorre depois de 120 a 240 minutos, com um declive muito menor. Porque, de acordo com os resultados obtidos após 120 min, quase todos os locais de amina ativa foram capazes de interagir electrostaticamente com iões de cádmio metálico e apenas alguns deles ainda estão activos e por um tempo mais longo para Necessidade de realizar o processo de absorção. Por conseguinte, devido ao facto de a taxa de adsorção estar quase completa após 120 minutos, o tempo de contacto ótimo de 120 minutos foi considerado noutras experiências.

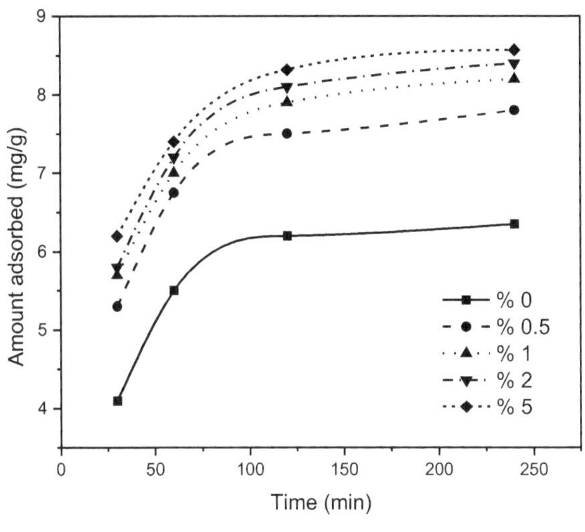


Figura 44. Variação da quantidade adsorvida de iões cádmio pelos adsorventes com diferentes percentagens de grafeno funcionalizado, em diferentes tempos, a pH igual a 7 e quantidade de adsorvente 25mg e concentração 50ppm .

### 4.1.8. Obtenção da concentração de ião cádmio para uma absorção óptima do ião cádmio

Foi utilizado o seguinte método para obter a concentração óptima de ião cádmio:

25 mg da fase adsorvente com diferentes percentagens de grafeno funcionalizado foram colocados em 10 ml de solução de iões de cádmio com um pH de 7. As concentrações de iões de cádmio em cada amostra foram consideradas iguais a 20ppm, 30ppm, 50ppm e 100ppm, respetivamente. As amostras foram então colocadas num agitador vibratório a uma velocidade de 200 rpm e tiveram 120 minutos para completar o processo de adsorção. Como se pode ver na Figura 45, a taxa de absorção aumenta com o aumento da concentração de iões cádmio. Isto deve-se ao facto de, ao aumentar a concentração de iões de cádmio, os locais activos das aminas, que não são capazes de contactar bem com os iões de cádmio, serem expostos a mais iões metálicos ao aumentar a concentração de iões de cádmio e, consequentemente, a capacidade de adsorção ser significativamente mais elevada.

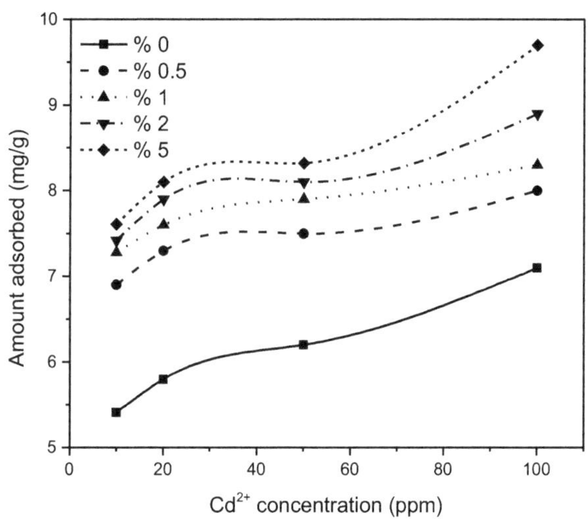

Figura 45. Alterações na taxa de adsorção de iões de cádmio por adsorventes com diferentes percentagens de grafeno funcionalizado a diferentes concentrações de iões de cádmio e durações de 2 horas a pH igual a 7 e a quantidade de adsorvente 25mg .

# 5. Conclusões e sugestões

Neste estudo, os nanocompósitos à base de quitosano/grafeno foram preparados por método de solução e a sua capacidade para adsorver iões metálicos de cádmio foi investigada. Os seguintes resultados podem ser obtidos a partir deste estudo:

- Os grupos funcionais oxigenados na superfície do grafeno foram induzidos por teste ácido e identificados por testes FTIR, EDX e TGA, tendo a sua exatidão sido confirmada.

A trietileno tetramina foi enxertada na superfície do grafeno oxidado e este enxerto foi confirmado por testes FTIR, EDX e TGA.

Foram preparados grânulos de quitosano e nanocompósitos funcionalizados com quitosano/grafeno e investigou-se o inchaço e a adsorção de iões metálicos de cádmio por estes adsorventes.

As micrografias SEM mostraram o efeito do grafeno funcionalizado nos grãos de quitosano e a porosidade destes grãos, reduzindo a porosidade das amostras.

- Os grãos de nanocompósitos obtidos foram obtidos para obter a quantidade ideal de adsorvente, a quantidade ideal de pH, a quantidade ideal de tempo de contacto e a quantidade ideal de concentração de solução de iões por estes adsorventes na adsorção de iões de cádmio e os resultados de melhoria significativa na adsorção de iões de cádmio. Tratava-se de sementes de quitosano.

Eis algumas sugestões sobre como procurar ou obter uma marcação para objectos antigos:

- Utilização de ligas poliméricas com elevada capacidade de adsorção de iões de cádmio, como a liga de quitosano/álcool polivinílico com nanopartículas funcionalizadas

- Utilização de nanotubos de carbono e grafeno funcionalizados com agentes amino simultaneamente em grãos de quitosano e o seu efeito sinérgico na adsorção de iões de metais pesados

- Ativação do grafeno utilizando polímeros com elevada capacidade de adsorção de iões de metais pesados, incluindo polivinilpirrolidina e politiofeno

- Efeito da adsorção de outros iões de metais pesados, como o cobre, o chumbo, o manganês, o zinco, etc., por grãos de quitosano e de grafeno funcionalizados e obtenção de uma adsorção selectiva de um ião específico na presença de outros iões de metais pesados

- Reticulação do quitosano com outros agentes, como a epicloridrina, e investigação do efeito do agente de reticulação na adsorção de iões de metais pesados

- Investigação dos efeitos da adsorção de iões a diferentes temperaturas e utilização dos modelos de isoterma de Langmuir e Friendlich

Adsorção de corantes aniónicos e catiónicos utilizando nanocompósitos de quitosano

## Referência

[1]Tollefson J., Gilbert N., "Earth summit: Rio report card", Nature, 7401, 20-3, Jun. 2012.

[2]Khor E., "Chitin: Fulfilling a Biomaterials Promise", 2001.

[3]Ravi Kumar M. N. ., "A review of chitin and chitosan applications," React. Funct. Polym., 1, 1-27, Nov. 2000.

[4]Geim A. K., Novoselov K. S., "The rise of graphene.", Nat. Mater., 3, 183-91, Mar. 2007.

[5]Singh V., Joung D., Zhai L., Das S., Khondaker S. I., Seal S., "Graphene based materials: Past, present and future", Prog. Mater. Sci., 8, 1178-1271, Out. 2011.

[6]Crini G., "Recent developments in polysaccharide-based materials used as adsorbents in wastewater treatment," Prog. Polym. Sci., 1, 38-70, Jan. 2005.

[7]Benguella B., "Cadmium removal from aqueous solutions by chitin: kinetic and equilibrium studies," Water Res., 10, 2463-2474, maio de 2002.

[8]Benguella B., Benaissa H., "Effects of competing cations on cadmium biosorption by chitin", 143-150, 2002.

[9]Environ J., "experiências de sorção, enquanto que foi utilizada uma dimensão de partícula de 328 | xm para estudos em coluna. Determinação do pH zpc Foi utilizado um procedimento descrito por Huang e Ostovic (1978) para determinar o pH do ponto de carga zero (pH zpc) do quitosano. Para cada o," 4, 962-974, 1989.

[10]Sillanpää M. E., Rämö J. H., "Decomposition of beta-alaninediacetic acid and diethylenetriamine-pentaacetic acid by hydrogen peroxide in alkaline conditions", Environ. Sci. Technol., 7, 1379-84, abril de 2001.

[11]McKay G, Blair HS F. A., "Equilibrium studies for the sorption of metal ions onto chitosan," indian J. Chem, 356-360, 1989.

[12]Svetlana Verbycha, Mykhaylo Bryka G. C. & B. F., "Removal of copper (II) from aqueous solutions by chitosan adsorption," Sep. Sci. Technol., 8, 1749-1759, 2005.

[13]Mcafee B. J., Gould W. D., Nadeau J. C., Costa A. C. A., "BIOSORPTION OF METAL IONS USING CHITOSAN, CHITIN, AND BIOMASS OF RHIZOPUS ORYZAE," Sep. Sci. Technol., 14, 3207-3222, Nov. 2001.

[14]BASSI R., PRASHER S. O., SIMPSON B. K., "Removal of Selected Metal Ions from Aqueous Solutions Using Chitosan Flakes," Sep. Sci. Technol., 4, 547-560, Jan. 2000.

[15]Jeon C., Höll W. H., "Chemical modification of chitosan and equilibrium study for mercury ion removal", Water Res., 19, 4770-80, Nov. 2003.

[16]Department G. L. R. e T.-Y. H. J. D. W., "Synthesis of Porous-Magnetic Chitosan Beads for Removal of Cadmium Ions from Waste Water," indian Eng. Chem. Res., 9, 2170-2178, 1993.

[17]Liu X., Hu Q., Fang Z., Zhang X., Zhang B., "Magnetic chitosan nanocomposites: a useful recyclable tool for heavy metal ion removal", Langmuir, 1, 3-8, Jan. 2009.

[18]Septhum C., Rattanaphani S., Bremner J. B., Rattanaphani V., "An adsorption study of Al(III) ions onto chitosan.", J. Hazard. Mater., 1-2, 185-91, Sep. 2007.

[19]Schmuhl R., Krieg H. M., Keizer K., "Adsorption of Cu ( II ) and Cr ( VI ) ions by chitosan : Estudos cinéticos e de equilíbrio", Water SA, 1, 1-7, 2001.

[20]Chen Y., Chen L., Bai H., Li L., "Graphene oxide-chitosan composite hydrogels as broad-spectrum adsorbents for water purification," J. Mater. Chem. A, 6, 1992, 2013.

[21]Chandra V., Park J., Chun Y., Lee J. W., Hwang I., Kim K. S., "Water-dispersible magnetite-reduced graphene oxide composites for arsenic removal", ACS Nano, 7, 3979-86, Jul. 2010.

[22]Chandra V., Kim K. S., "Highly selective adsorption of Hg2+ by a polypyrrole-reduced graphene oxide composite", Chem. Commun. (Camb), 13, 3942-4, abril de 2011.

[23]Zhang N., Qiu H., Si Y., Wang W., Gao J., "Fabrication of highly porous biodegradable monoliths strengthened by graphene oxide and their adsorption of metal ions", Carbon N. Y., 3, 827-837, Mar. 2011.

[24]Li L., Fan L., Sun M., Qiu H., Li X., Duan H., Luo C., "Adsorvente para remoção de crómio baseado em óxido de grafeno funcionalizado com ciclodextrina-quitosano magnético", Colloids Surf. B. Biointerfaces, 76-83, Jul. 2013.

[25]Vasudevan S., Lakshmi J., "The adsorption of phosphate by graphene from aqueous solution," RSC Adv., 12, 5234, 2012.

[26]Knaebel K. S., "ADSORBENT SELECTION."

[27]Wang Y., Chen X., Zhong Y., Zhu F., Loh K. P., "Large area, continuous, few-layered graphene as anodes in organic photovoltaic devices," Appl. Phys. Lett., 6, 063302, 2009.

[28]Wang X., You H., Liu F., Li M., Wan L., Li S., Li Q., Xu Y., Tian R., Yu Z., Xiang D., Cheng J., "Large-Scale Synthesis of Few-Layered Graphene using CVD," Chem. Vap. Depos., 1-3, 53-56, Mar. 2009.

[29]Seung B., Chae J., Gu F., Kim K. K., Kim E. S., Han H., Kim S. M., Shin H., Yoon S., Choi J., Park M. H., Yang C. W., Pribat D., Lee Y. H., "Synthesis of Large-Area Graphene Layers on Poly-Nickel Substrate by Chemical Vapor Deposition : Formação de rugas", 2328-2333, 2009.

[30]Li X., Cai W., An J., Kim S., Nah J., Yang D., Piner R., Velamakanni A., Jung I., Tutuc E., Banerjee S. K., Colombo L., Ruoff R. S., "Large-area synthesis of high-quality and uniform graphene films on copper foils", Science, 5932, 1312-4, Jun. 2009.

[31]Di B. C., Wei D., Yu G., Liu Y., Guo Y., Zhu D., "Patterned Graphene as Source / Drain Electrodes for Bottom-Contact Organic Field-Effect Transistors **," 3289-3293, 2008.

[32]Dervishi E., Li Z., Watanabe F., Biswas A., Xu Y., Biris A. R., Biris A. S., "Large-scale graphene production by RF-cCVD method w," 4061-4063, 2009.

[33]Li N., Wang Z., Zhao K., Shi Z., Gu Z., Xu S., "Large scale synthesis of N-doped multi-layered graphene sheets by simple arc-discharge method," Carbon N. Y., 1, 255-259, Jan. 2010.

[34]Seyller T., Bostwick A., Emtsev K. V., Horn K., Ley L., McChesney J. L., Ohta T., Riley J. D., Rotenberg E., Speck F., "Epitaxial graphene: a new material," Phys. status solidi, 7, 1436-1446, Jul. 2008.

[35]Sprinkle M., Soukiassian P., de Heer W. A., Berger C., Conrad E. H., "Epitaxial graphene: the material for graphene electronics," Phys. status solidi - Rapid Res. Lett., 6, A91-A94, Set. 2009.

[36]Rollings E., Gweon G.-H., Zhou S. Y., Mun B. S., McChesney J. L., Hussain B. S., Fedorov A. V., First P. N., de Heer W. A., Lanzara A., "Synthesis and characterization of atomically thin graphite films on a silicon carbide substrate", J. Phys. Chem. Solids, 9-10, 2172-2177, Set. 2006.

[37]Heer W. A. De, Berger C., Wu X., First P. N., Conrad E. H., Li X., Li T., Sprinkle M., Hass J., Sadowski M. L., Potemski M., "Epitaxial graphene," 92-100, 2007.

[38]Mattausch A., Pankratov O., "Density functional study of graphene overlayers on SiC," Phys. status solidi, 7, 1425-1435, Jul. 2008.

[39]Yang X., Dou X., Rouhanipour A., Zhi L., Räder H. J., Müllen K., "Two-dimensional graphene nanoribbons.", J. Am. Chem. Soc., 13, 4216-7, abril de 2008.

[40]Carissan Y., Klopper W., "Growing graphene sheets from reactions with methyl radicals: a quantum chemical study", Chemphyschem, 8, 1770-8, Aug. 2006.

[41]Zhi L., Müllen K., "A bottom-up approach from molecular nanographenes to unconventional carbon materials," J. Mater. Chem., 13, 1472, 2008.

[42]Kim C., Min B., Jung W., "Preparation of graphene sheets by the reduction of carbon monoxide", Carbon N. Y., 6, 1610-1612, maio de 2009.

[43]Jiao L., Zhang L., Wang X., Diankov G., Dai H., "Narrow graphene nanoribbons from carbon nanotubes.", Nature, 7240, 877-80, Abr. 2009.

[44]Kosynkin D. V, Higginbotham A. L., Sinitskii A., Lomeda J. R., Dimiev A., Price B. K., Tour J. M., "Longitudinal unzipping of carbon nanotubes to form graphene nanoribbons.", Nature, 7240, 872-6, Abr. 2009.

[45]Hirsch A., "Unzipping carbon nanotubes: a peeling method for the formation of graphene nanoribbons.", Angew. Chem. Int. Ed. Engl., 36, 6594-6, Jan. 2009.

[46]Zhang W., Cui J., Tao C., Wu Y., Li Z., Ma L., Wen Y., Li G., "A Strategy for Producing Pure Single-Layer Graphene Sheets Based on a Confined Self-Assembly Approach," Angew. Chemie, 32, 5978-5982, Jul. 2009.

[47]Kim H., Abdala A. a., Macosko C. W., "Graphene/Polymer Nanocomposites," Macromolecules, 16, 6515-6530, Aug. 2010.

[48]Worsley K. A., Ramesh P., Mandal S. K., Niyogi S., Itkis M. E., Haddon R. C., "Soluble graphene derived from graphite fluoride," Chem. Phys. Lett., 1-3, 51-56, Sep. 2007.

[49]Chen G., Wu D., Weng W., Wu C., "E xfoliation of graphite flake and its nanocomposites," Carbon N. Y., 579-625, 2003.

[50]Carr K. E., "AND OXIDATION EFFECTS ON GRAPHITE OF A MIXTURE OF SULPHURIC," 1969.

[51]Lee J. H., Shin D. W., Makotchenko V. G., Nazarov A. S., Fedorov V. E., Kim Y. H., Choi J., Kim J. M., Yoo J., "One-Step Exfoliation Synthesis of Easily Soluble Graphite and Transparent Conducting Graphene Sheets," Adv. Mater., 43, 4383-4387, Nov. 2009.

[52]Kalaitzidou K., Fukushima H., Drzal L. T., "A new compounding method for exfoliated graphite-polypropylene nanocomposites with enhanced flexural properties and lower percolation threshold," Compos. Sci. Technol., 10, 2045-2051, Aug. 2007.

[53]Kalaitzidou K., Fukushima H., Askeland P., Drzal L. T., "The nucleating effect of exfoliated graphite nanoplatelets and their influence on the crystal structure and electrical conductivity of polypropylene nanocomposites," J. Mater. Sci., 8, 2895-2907, Out. 2007.

[54]Novoselov K. S., Geim A. K., Morozov S. V, Jiang D., Zhang Y., Dubonos S. V, Grigorieva I. V, Firsov A. A., "Electric field effect in atomically thin carbon films", Science, 5696, 666-9, Out. 2004.

[55]Bourlinos A. B., Georgakilas V., Zboril R., Steriotis T. A., Stubos A. K., "Liquid-phase exfoliation of graphite towards solubilized graphenes.", Small, 16, 1841-5, Aug. 2009.

[56]Hernandez Y., Nicolosi V., Lotya M., Blighe F. M., Sun Z., De S., McGovern I. T., Holland B., Byrne M., Gun'Ko Y. K., Boland J. J., Niraj P., Duesberg G., Krishnamurthy S., Goodhue R., Hutchison J., Scardaci V., Ferrari A. C., Coleman J. N., "High-yield production of graphene by liquid-phase exfoliation of graphite.", Nat. Nanotechnol, 9, 563-8, Set. 2008.

[57]Liu N., Luo F., Wu H., Liu Y., Zhang C., Chen J., "One-Step Ionic-Liquid-Assisted Electrochemical Synthesis of Ionic-Liquid-Functionalized Graphene Sheets Diretly from Graphite," Adv. Funct. Mater., 10, 1518-1525, maio de 2008.

[58]Behabtu N., Lomeda J. R., Green M. J., Higginbotham A. L., Sinitskii A., Kosynkin D. V, Tsentalovich D., Parra-Vasquez A. N. G., Schmidt J., Kesselman E.,

Cohen Y., Talmon Y., Tour J. M., Pasquali M., "Spontaneous high-concentration dispersions and liquid crystals of graphene.", Nat. Nanotechnol., 6, 406-11, Jun. 2010.

[59]Brodie B. C., "On the Atomic Weight of Graphite", Philos. Trans. R. Soc. London, janeiro, 249-259, Jan. 1859.

[60]Staudenmaier L., "graphie oxie preparation", Ber. Dtsch. Chem. Ges, 1481-1487, 1898.

[61]Hummers W. S., Offeman R. E., "Preparation of Graphitic Oxide," J. Am. Chem. Soc., 6, 1339-1339, Mar. 1958.

[62]Park S., Ruoff R. S., "Chemical methods for the production of graphenes.", Nat. Nanotechnol., 4, 217-24, Abr. 2009.

[63]Boukhvalov D. W., Katsnelson M. I., "Modeling of graphite oxide.", J. Am. Chem. Soc., 32, 10697-701, Aug. 2008.

[64]Gao W., Alemany L. B., Ci L., Ajayan P. M., "New insights into the structure and reduction of graphite oxide.", Nat. Chem., 5, 403-8, Aug. 2009.

[65]Jeong H., Lee Y. P., Lahaye R. J. W. E., Park M.-H., An K. H., Kim I. J., Yang C., Park C. Y., Ruoff R. S., Lee Y. H., "Evidence of graphitic AB stacking order of graphite oxides.", J. Am. Chem. Soc., 4, 1362-6, Jan. 2008.

[66]Cai W., Piner R. D., Stadermann F. J., Park S., Shaibat M. A., Ishii Y., Yang D., Velamakanni A., An S. J., Stoller M., An J., Chen D., Ruoff R. S., "Synthesis and solid-state NMR structural characterization of 13C-labeled graphite oxide", Science, 5897, 1815-7, Sep. 2008.

[67]Wang S., Sun H., Ang H. M., Tadé M. O., "Adsorptive remediation of environmental pollutants using novel graphene-based nanomaterials," Chem. Eng. J., 336-347, Jun. 2013.

[68]Stankovich S., Dikin D. A., Piner R. D., Kohlhaas K. A., Kleinhammes A., Jia Y., Wu Y., Nguyen S. T., Ruoff R. S., "Synthesis of graphene-based nanosheets via chemical reduction of exfoliated graphite oxide," Carbon N. Y., 7, 1558-1565, Jun. 2007.

[69]Wang G., Shen X., Wang B., Yao J., Park J., "Synthesis and characterisation of hydrophilic and organophilic graphene nanosheets," Carbon N. Y., 5, 1359-1364, Abr. 2009.

[70]Lomeda J. R., Doyle C. D., Kosynkin D. V, Hwang W., Tour J. M., "Diazonium functionalization of surfactant-wrapped chemically converted graphene sheets.", J. Am. Chem. Soc., 48, 16201-6, Dez. 2008.

[71]Si Y., Samulski E. T., "Synthesis of water soluble graphene.", Nano Lett., 6, 1679-82, Jun. 2008.

[72]Wang G., Yang J., Park J., Gou X., Wang B., Liu H., Yao J., "Facile Synthesis and Characterization of Graphene Nanosheets," J. Phys. Chem. C, 22, 8192-8195, Jun. 2008.

[73]Williams G., Seger B., Kamat P. V, "TiO2-graphene nanocomposites. Redução fotocatalítica assistida por UV do óxido de grafeno", ACS Nano, 7, 1487-91, Jul. 2008.

[74]Zhou Y., Bao Q., Tang L. A. L., Zhong Y., Loh K. P., "Hydrothermal Dehydration for the 'Green' Reduction of Exfoliated Graphene Oxide to Graphene and

Demonstration of Tunable Optical Limiting Properties," Chem. Mater., 13, 2950-2956, Jul. 2009.

[75]Fan Z., Wang K., Wei T., Yan J., Song L., Shao B., "An environmentally friendly and efficient route for the reduction of graphene oxide by aluminum powder," Carbon N. Y., 5, 1686-1689, Apr. 2010.

[76]McAllister M. J., Li J., Adamson D. H., Schniepp H. C., Abdala A. A., Liu J., Herrera-Alonso M., Milius D. L., Car R., Prud'homme R. K., Aksay I. A., "Single Sheet Functionalized Graphene by Oxidation and Thermal Expansion of Graphite," Chem. Mater., 18, 4396-4404, Sep. 2007.

[77]Schniepp H. C., Li J., McAllister M. J., Sai H., Herrera-Alonso M., Adamson D. H., Prud'homme R. K., Car R., Saville D. A., Aksay I. A., "Functionalized single graphene sheets derived from splitting graphite oxide.", J. Phys. Chem. B, 17, 8535-9, maio de 2006.

[78]Du X., Skachko I., Barker A., Andrei E. Y., "Approaching ballistic transport in suspended graphene.", Nat. Nanotechnol., 8, 491-5, Aug. 2008.

[79]Park M. J., Lee J. K., Lee B. S., Lee Y.-W., Choi I. S., Lee S., "Covalent Modification of Multiwalled Carbon Nanotubes with Imidazolium-Based Ionic Liquids: Effect of Anions on Solubility," Chem. Mater., 6, 1546-1551, Mar. 2006.

[80]Fang M., Wang K., Lu H., Yang Y., Nutt S., "Single-layer graphene nanosheets with controlled grafting of polymer chains," J. Mater. Chem., 10, 1982, 2010.

[81]Bourlinos A. B., Gournis D., Petridis D., Szabó T., Szeri A., Dékány I., "Graphite Oxide: Chemical Reduction to Graphite and Surface Modification with Primary Aliphatic Amines and Amino Acids", Langmuir, 15, 6050-6055, Jul. 2003.

[82]Lotya M., Hernandez Y., King P. J., Smith R. J., Nicolosi V., Karlsson L. S., Blighe F. M., De S., Wang Z., McGovern I. T., Duesberg G. S., Coleman J. N., "Liquid phase production of graphene by exfoliation of graphite in surfactant/water solutions", J. Am. Chem. Soc., 10, 3611-20, Mar. 2009.

[83]Hamilton C. E., Lomeda J. R., Sun Z., Tour J. M., Barron A. R., "High-yield organic dispersions of unfunctionalized graphene.", Nano Lett., 10, 3460-2, Out. 2009.

[84]Kuila T., Bose S., Mishra A. K., Khanra P., Kim N. H., Lee J. H., "Chemical functionalization of graphene and its applications," Prog. Mater. Sci., 7, 1061-1105, Sep. 2012.

[85]Kuila T., Bose S., Hong C. E., Uddin M. E., Khanra P., Kim N. H., Lee J. H., "Preparation of functionalized graphene/linear low density polyethylene composites by a solution mixing method," Carbon N. Y., 3, 1033-1037, Mar. 2011.

[86]Shan C., Yang H., Han D., Zhang Q., Ivaska A., Niu L., "Water-Soluble Graphene Covalently Functionalized by Biocompatible," 26, 15343-15346, 2009.

[87]Bekyarova E., Itkis M. E., Ramesh P., Berger C., Sprinkle M., de Heer W. A., Haddon R. C., "Chemical modification of epitaxial graphene: spontaneous grafting of aryl groups.", J. Am. Chem. Soc., 4, 1336-7, Fev. 2009.

[88]Stankovich S., Piner R. D., Nguyen S. T., Ruoff R. S., "Synthesis and exfoliation of isocyanate-treated graphene oxide nanoplatelets," Carbon N. Y., 15, 3342-3347, Dec. 2006.

[89]Stankovich S., Dikin D. A., Dommett G. H. B., Kohlhaas K. M., Zimney E. J., Stach E. A., Piner R. D., Nguyen S. T., Ruoff R. S., "Graphene-based composite materials", Nature, 7100, 282-6, Jul. 2006.

[90]Zhang D., Zu S., Han B., "Inorganic-organic hybrid porous materials based on graphite oxide sheets," Carbon N. Y., 13, 2993-3000, Nov. 2009.

[91]Hu H., Wang X., Wang J., Liu F., Zhang M., Xu C., "Microwave-assisted covalent modification of graphene nanosheets with chitosan and its electrorheological characteristics," Appl. Surf. Sci., 7, 2637-2642, Jan. 2011.

[92]Choi J., Kim K., Kim B., Lee H., Kim S., "Covalent Functionalization of Epitaxial Graphene by Azidotrimethylsilane," J. Phys. Chem. C, 22, 9433-9435, Jun. 2009.

[93]Georgakilas V., Bourlinos A. B., Zboril R., Steriotis T. a, Dallas P., Stubos A. K., Trapalis C., "Organic functionalisation of graphenes", Chem. Commun. (Camb), 10, 1766-8, Mar. 2010.

[94]Zhao Y.-L., Stoddart J. F., "Noncovalent functionalization of single-walled carbon nanotubes.", Acc. Chem. Res., 8, 1161-71, Aug. 2009.

[95]Nakayama-Ratchford N., Bangsaruntip S., Sun X., Welsher K., Dai H., "Noncovalent functionalization of carbon nanotubes by fluorescein-polyethylene glycol: supramolecular conjugates with pH-dependent absorbance and fluorescence.", J. Am. Chem. Soc., 9, 2448-9, Mar. 2007.

[96]Stankovich S., Piner R. D., Chen X., Wu N., Nguyen S. T., Ruoff R. S., "Stable aqueous dispersions of graphitic nanoplatelets via the reduction of exfoliated graphite oxide in the presence of poly(sodium 4-styrenesulfonate)," J. Mater. Chem., 2, 155, 2006.

[97]Bai H., Xu Y., Zhao L., Li C., Shi G., "Non-covalent functionalization of graphene sheets by sulfonated polyaniline.", Chem. Commun. (Camb), 13, 1667-9, abril de 2009.

[98]Xu Y., Bai H., Lu G., Li C., Shi G., "Flexible graphene films via the filtration of water-soluble noncovalent functionalized graphene sheets.", J. Am. Chem. Soc., 18, 5856-7, maio de 2008.

[99]Choi E., Han T. H., Hong J., Kim J. E., Lee S. H., Kim H. W., Kim S. O., "Noncovalent functionalization of graphene with end-functional polymers," J. Mater. Chem., 10, 1907, 2010.

[100]Liu J., Yang W., Tao L., Li D., Boyer C., Davis T. P., "Thermosensitive graphene nanocomposites formed using pyrene-terminal polymers made by RAFT polymerization," J. Polym. Sci. Part A Polym. Chem., 2, 425-433, Jan. 2010.

[101]Yang H., Zhang Q., Shan C., Li F., Han D., Niu L., "Stable, conductive supramolecular composite of graphene sheets with conjugated polyelectrolyte.", Langmuir, 9, 6708-12, May 2010.

[102]Park S., An J., Piner R. D., Jung I., Yang D., Velamakanni A., Nguyen S. T., Ruoff R. S., "Aqueous Suspension and Characterization of Chemically Modified Graphene Sheets," Chem. Mater., 21, 6592-6594, Nov. 2008.

[103]Li D., Müller M. B., Gilje S., Kaner R. B., Wallace G. G., "Processable aqueous dispersions of graphene nanosheets.", Nat. Nanotechnol., 2, 101-5, Fev. 2008.

[104]Kim K. S., Zhao Y., Jang H., Lee S. Y., Kim J. M., Kim K. S., Ahn J., Kim P., Choi J., Hong B. H., "Large-scale pattern growth of graphene films for stretchable transparent electrodes", Nature, 7230, 706-710, 2008.

[105]Hao R., Qian W., Zhang L., Hou Y., "Aqueous dispersions of TCNQ-anion-stabilized graphene sheets.", Chem. Commun. (Camb), 48, 6576-8, Dez. 2008.

[106]Ansari S., Giannelis E. P., "Functionalized graphene sheet-Poly(vinylidene fluoride) conductive nanocomposites," J. Polym. Sci. Part B Polym. Phys., 9, 888-897, maio de 2009.

[107]Zhang H., Zheng W., Yan Q., Yang Y., Wang J., Lu Z., Ji G., Yu Z., "Nanocompósitos de politereftalato de etileno/grafeno eletricamente condutores preparados por composição fundida", Polymer (Guildf), 5, 1191-1196, 2010.

[108]Kim H., Thomas Hahn H., Viculis L. M., Gilje S., Kaner R. B., "Electrical conductivity of graphite/polystyrene composites made from potassium intercalated graphite," Carbon N. Y., 7, 1578-1582, Jun. 2007.

[109]Zheng W., Lu X., Wong S., "Electrical and mechanical properties of expanded graphite-reinforced high-density polyethylene," J. Appl. Polym. Sci., 5, 2781-2788, Mar. 2004.

[110]Ye L., Meng X., Ji X., Li Z., Tang J., "Synthesis and characterization of expandingable graphite-poly(methacrylate methacrylate) composite particles and their application to flame retardation of rigid polyurethane foams," Polym. Degrad. Stab., 6, 971-979, Jun. 2009.

[111]Lee W. D., Im S. S., "Thermomechanical properties and crystallization behavior of layered double hydroxide/poly(ethylene terephthalate) nanocomposites prepared by in-situ polymerization," J. Polym. Sci. Part B Polym. Phys., 1, 28-40, Jan. 2007.

[112]Hussain F., "Review article: Polymer-matrix Nanocomposites, Processing, Manufacturing, and Application: An Overview", J. Compos. Mater., 17, 1511-1575, Jan. 2006.

[113]Liang J., Huang Y., Zhang L., Wang Y., Ma Y., Guo T., Chen Y., "Molecular-Level Dispersion of Graphene into Poly(vinyl alcohol) and Effective Reinforcement of their Nanocomposites," Adv. Funct. Mater., 14, 2297-2302, Jul. 2009.

[114]Lee J., Kim S. K., Kim N. H., "Effects of the addition of multi-walled carbon nanotubes on the positive temperature coefficient characteristics of carbon-black-filled high-density polyethylene nanocomposites," Scr. Mater., 12, 1119-1122, Dez. 2006.

[115]Kalaitzidou K., Fukushima H., Drzal L. T., "Mechanical properties and morphological characterization of exfoliated graphite-polypropylene nanocomposites," Compos. Part A Appl. Sci. Manuf., 7, 1675-1682, Jul. 2007.

[116]Kim S., Do I., Drzal L. T., "Thermal stability and dynamic mechanical behavior of exfoliated graphite nanoplatelets-LLDPE nanocomposites," Polym. Compos., 5, 755-761, Jan. 2009.

[117]Weng W., Chen G., Wu D., "Transport properties of electrically conducting nylon 6/foliated graphite nanocomposites", Polymer (Guildf), 16, 6250-6257, Jul. 2005.

[118]Bourlinos A. B., Gournis D., Petridis D., Szabó T., Szeri A., Dékány I., "Graphite Oxide: Chemical Reduction to Graphite and Surface Modification with Primary Aliphatic Amines and Amino Acids", Langmuir, 15, 6050-6055, Jul. 2003.

## ÍNDICE DE CONTEÚDOS

MIX
Papier aus verantwortungsvollen Quellen
Paper from responsible sources
FSC® C105338

Printed by Books on Demand GmbH, Norderstedt / Germany